李碧桃　罗　艳　喻　璨　主编

云南出版集团
云南科技出版社
·昆明·

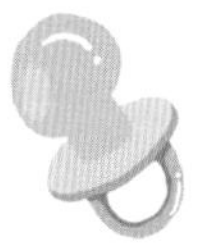

图书在版编目（CIP）数据

儿保科专家的育儿公开课 / 李碧桃, 罗艳, 喻璨主编. -- 昆明 : 云南科技出版社, 2021.6
ISBN 978-7-5587-3555-4

Ⅰ. ①儿… Ⅱ. ①李… ②罗… ③喻… Ⅲ. ①婴幼儿–哺育 Ⅳ. ①R174

中国版本图书馆CIP数据核字(2021)第115713号

儿保科专家的育儿公开课

ER-BAOKE ZHUANJIA DE YU'ER GONGKAIKE

李碧桃　罗　艳　喻　璨　主编

出 版 人： 温　翔
策　　划： 刘　康
责任编辑： 汤丽鋆　马　莹
封面设计： 长策文化
责任校对： 张舒园
责任印制： 蒋丽芬

书　　号： ISBN 978-7-5587-3555-4
印　　刷： 昆明亮彩印务有限公司
开　　本： 787mm × 1092mm　1/16
印　　张： 11
字　　数： 140 千字
版　　次： 2021 年 6 月第 1 版
印　　次： 2021 年 6 月第 1 次印刷
定　　价： 45.00 元

出版发行： 云南出版集团　云南科技出版社
地　　址： 昆明市环城西路 609 号
电　　话： 0871-64190889

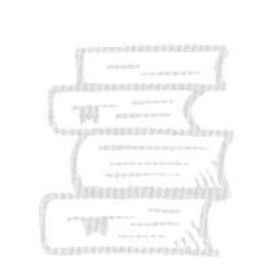

主　编：

李碧桃　（昆明医科大学第一附属医院）

罗　艳　（昆明医科大学第一附属医院）

喻　璨　（昆明医科大学第一附属医院）

副主编：

刘燕南　（昆明医科大学第一附属医院）

柯　枰　（昆明医科大学第一附属医院）

杨海秋　（昆明医科大学第一附属医院）

张　宇　（昆明医科大学第一附属医院）

段企杭　（昆明医科大学第一附属医院）

参　　编：（排名不分先后）

王　睿　（昆明医科大学第一附属医院）

钱婷婷　（昆明医科大学第一附属医院）

李　琳　（昆明医科大学第一附属医院）

郃先艳　（昆明医科大学第一附属医院）

杨春燕　（昆明医科大学第一附属医院）

杨秋丽　（昆明医科大学第一附属医院）

罗　勤　（昆明医科大学第一附属医院）

刘碧惠　（昆明医科大学第一附属医院）

朱燕妮　（昆明医科大学第一附属医院）

沈　晶　（昆明医科大学第一附属医院）

宋　璐　（昆明医科大学第一附属医院）

胡昆芳　（昆明医科大学第一附属医院）

插画绘制：

刘　彤　（昆明医科大学第一附属医院）

王玺燃　（云南师范大学附属小学）

前言

在我国，每年约有1000万新生儿出生，全国婴幼儿总数约3000万。少年强，则国强。他们是中华民族的希望和未来，他们的健康牵动着千千万万人的心。婴幼儿时期是人体生长发育的关键时期，是人一生健康和发展的基础。保障婴幼儿健康成长，除了进一步健全儿童医疗保健体系外，更重要的是大力宣传普及科学育儿知识，提高广大群众的婴幼儿保健知识水平。鉴于此，我们总结近十余年的儿童保健工作经验，编写了本书。

本书共十五章，包括母乳喂养、神经系统发育、运动发育、语言发育、心理活动发展、保护视力、新生儿常见疾病、营养障碍性疾病、呼吸系统常见问题、消化系统常见问题、泌尿和生殖系统常见问题、内分泌系统常见问题、常见传染病、意外伤害等。本书内容通俗易懂又不缺乏专业性，适合基层儿保医生及婴幼儿家庭养育者阅读，有助于拓展儿童保健专业读者知识范围。

本书编者主要来自昆明医科大学第一附属医院预防保健科的临床、护理一线人员。在此，感谢昆明医科大学第一附属医院何雯主任在工作中无私传授宝贵的育儿经验；感谢参编人员辛勤付出、认真撰稿、多次认真校稿；感谢云南科技出版社的积极支持。本书编写过程中难免有不足之处，欢迎读者在使用中提出宝贵意见，给予指正！

目录

CONTENTS

第一章 母乳喂养

母乳喂养——出生后，宝宝与妈妈的第一次合作。

初 乳

一、什么是初乳？初乳的重要性是什么？

产后2～3天产妇分泌的乳汁称为初乳。初乳颜色呈黄色或橘色，性质黏稠。初乳中的免疫成分含量远远高于成熟乳。

初乳不仅仅为新生儿提供全面营养，还富含免疫球蛋白A（IgA），同时可提供大量抗体帮助“初来乍到”的新生宝宝抵抗疾病。初乳对宝宝的胃肠道也发挥着极其重要的保护作用。初乳还可通便，能促进宝宝排出胎粪，降低胆红素从而预防黄疸。

二、初乳那么少，够宝宝吃吗？

初乳的量并不多（几茶匙的量，1茶匙约5mL）却为新生儿提供了充足的营养。当妈妈们得知初乳量仅有几茶匙时，自然很担心这么少的量对宝宝来说是否足够。刚出生的宝宝胃容量非常小，即使是少量的初乳也能够满足宝宝的需求。随着宝宝一天天长大，其胃容量慢慢变大，母乳的产量也会随之增多。所以，妈妈们不用担心宝宝吃不饱。

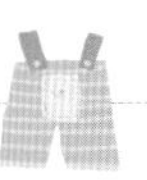

前奶与后奶

一、什么是前奶？

喂奶时，先吸出的乳汁是“前奶”。前奶较稀薄，主要成分是水分和蛋白质。因此，纯母乳喂养的宝宝，一般不需额外补充水分。

二、什么是后奶？

前奶之后的乳汁外观颜色较白且较黏稠，称为“后奶”。后奶富含脂肪、乳糖、微量元素和其他营养元素，能提供热能，使宝宝有饱腹感。

课堂笔记

前奶和后奶所含营养成分有差异，妈妈哺乳时也要注意：①不要将前奶挤掉；②避免尚未喂完一侧就换另一侧喂哺。

妈妈放松心情、放慢速度，让宝宝既吃到前奶，也吃到后奶，从而为宝宝提供全面的营养。

按需哺乳

一、什么是按需哺乳?

按需哺乳是指根据宝宝的需要哺乳，尤其是在月子中对哺乳的时间和次数不予限制。宝宝什么时候饿，妈妈就什么时间喂哺。

二、按需哺乳有哪些好处?

按需哺乳对妈妈和宝宝都有益处。

1. 保证吸收，促进宝宝生长

新生宝宝胃容量很小，每次能吸吮到的奶量也不多。奶量少加上奶水在胃中停留时间短，一两个小时喂1次是比较正常的，可以保证营养被宝宝充分吸收。宝宝出生头两周每天喂奶8～12次。2～3月龄的宝宝喂奶间隔才会逐渐延长至每2～3小时喂奶1次。

2. 摄入适量，避免肥胖

专门从事儿童肥胖症研究的科学家们发现，儿童肥胖症的发病率和孩子婴儿期的体重增幅关系密切。如果婴儿期体重增长过快，孩子在儿童期超重的概率将大大提升。而喂养方式与婴儿体重的增加息息相关。有研究证实，

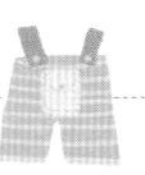

母乳喂养儿成年后患高血压、高血脂和肥胖的概率较人工喂养儿低。除了母乳成分的因素之外，按需哺乳的影响也不容忽视。妈妈们都希望自己的宝宝长得强壮，但过度喂养会给孩子的健康带来隐患，按需喂养才是科学的喂养方式。

3. 频繁吸吮，帮助妈妈身体恢复

按需哺乳的另一个好处是宝宝频繁地吸吮乳头，而宝宝的吸吮可以刺激妈妈乳晕下丰富的神经末梢，这些刺激传导到中枢神经系统就可促进泌乳激素和排乳激素的分泌，帮助妈妈形成泌乳反射和排乳反射，既有利于宝宝获得充足的乳汁，也有助于妈妈的身体恢复。

4. 乳汁及时排空，预防乳腺炎

按需喂养有利于妈妈的乳汁及时排空，缓解胀奶，避免乳腺炎的发生。一般来说，按需哺乳有助于妈妈形成泌乳反射，也就是说乳房会熟悉宝宝吃奶的频率和时间，在宝宝不吃奶时少泌乳，在宝宝吃奶时多泌乳、快速泌乳。有的妈妈以为不胀奶就是奶水变少了，特别焦虑和恐慌，其实妈妈们应该为不受胀奶的困扰而高兴才对。

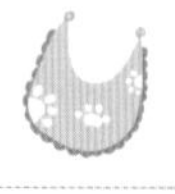

母婴同室

一、母婴同室的概念

母婴同室是指宝宝出生后将妈妈和新生宝宝24小时安置在同一个房间里，由妈妈照顾宝宝，给宝宝保暖、喂养宝宝、给宝宝换尿布等。在产院期间妈妈和宝宝一直生活在一起，每天因医疗和其他操作导致妈妈和宝宝分离的时间不超过1小时。母婴同室一般适用于正常足月儿。

二、母婴同室的好处

1. 提高母乳喂养率

母婴同室，由妈妈照顾宝宝，能使妈妈增进母爱。每当妈妈听到宝宝的哭声，看到宝宝的一举一动，乳汁分泌会有所增加。据有关资料显示，母婴同室条件下的母乳喂养率明显高于非母婴同室的情况。

2. 提高护理质量

母婴同室可以让妈妈更熟悉和了解自己的宝宝。每天医务人员对宝宝护理、喂水、换尿布等育儿常识的宣教可以同步进行，妈妈可以边看、边听、边做，有利于提高妈妈对宝宝的护理水平和护理质量。

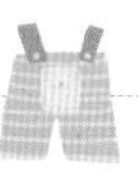

3. 促进宝宝身体和智力发育

母婴同室可以让宝宝躺在妈妈的身旁，熟悉妈妈的气味，听到妈妈的声音并体验到妈妈给予的抚慰，在加深宝宝与妈妈感情的同时，还能让宝宝获得安全感。来自妈妈的爱和安全感有助于宝宝身体和智力发育。

4. 降低妈妈产后并发症的发生率

母婴同室的妈妈较少发生乳房肿胀、乳头皲裂的情况，而且母婴同室可以让宝宝勤吸母乳，在刺激乳汁分泌的同时也有利于妈妈身体恢复。

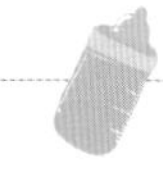

早开奶与早吸吮

早开奶指的是宝宝出生后半小时与母亲肌肤接触30分钟以上，同时妈妈帮助宝宝吸吮乳头。早开奶能促进妈妈子宫收缩，帮助宝宝建立觅食与吸吮反射，满足母婴间情感交流和联系，吸吮初乳能为宝宝建立人生首次机体免疫。

早吸吮是指出生后1小时以内开始吸吮乳汁。产后1小时是宝宝吸吮本能最强的时机，有利于母乳喂养模式的建立，应允许宝宝在产后1小时内自行寻乳和衔乳。

早吸吮的重要性包括以下几个方面：①早吸吮可促进妈妈下丘脑释放催产素，从而刺激子宫收缩，减少产后出血；②早吸吮可刺激宝宝觅食与吸吮反射的建立，强化吸吮能力；③早吸吮促进妈妈分泌泌乳素，产生泌乳反射，促进乳汁分泌；④早吸吮可增进妈妈和宝宝之间的感情，促进母乳喂养；⑤初乳富含丰富的蛋白质和抗体，早吸吮可以让宝宝喝到初乳，提升免疫力、促进胎便排出。

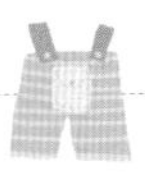

新生宝宝的哺乳频率

新生宝宝一天要吃几次奶？应该多长时间喂一次？这是新手爸爸妈妈们最关注的问题之一。

一、月子前两周

出生后两周内的宝宝胃容量很小，每次需要哺乳的量不多。再加上吃奶也是个力气活，尤其在产后早期，妈妈的奶阵还不能替宝宝省力，宝宝吃得少、饿得快是很常见的。加上母乳易消化，两次吃奶之间的间隔可能只有1小时甚至更短，宝宝1天吃奶的次数通常达12～14次，有时甚至更多。但因为新生宝宝睡眠时间长，有时可能连续睡上两三个小时才吃1次奶，偶尔进食不规律，妈妈们也不必过分着急。

二、月子后两周

这个阶段宝宝的体力明显比前两周好，开始适应这个新世界，胃容量增大，吃奶间隔也慢慢向2小时过渡，1天需要喂哺8～12次。

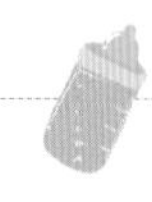

哺乳期妈妈的饮食原则

一、充足的水分

哺乳期妈妈每天应多喝水、多吃流质的食物，如汤、营养粥等，以补充乳汁中丢失的水分。尤其是摄入充足的汤汁，如鸡、鸭、鱼、肉汤或豆类和蔬菜制成的菜汤，既能补充水分，又可保证乳汁质量。

二、足量的优质蛋白质

哺乳期妈妈每天应摄入足量的优质蛋白质，包括鱼肉、鸡肉、蛋类、猪肉等。充足的蛋白质摄入不仅能够满足哺乳的需求，也有益于妈妈自己的身体恢复。

三、膳食多样化

哺乳期妈妈的食物应该尽量做到种类齐全、营养均衡。主食要注意粗粮和细粮搭配，多吃新鲜蔬菜和水果，适当补充坚果，这样才能提高乳汁质量，为宝宝的生长发育加油，也给自己的身体康复助力。

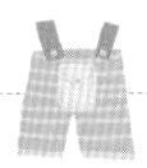

四、重视食用蔬菜和水果

新鲜蔬菜、水果中含有丰富的水分、维生素、纤维素等，不仅可以预防便秘，还能促进乳汁分泌。哺乳期妈妈可以适当食用山楂或山楂制品，这是因为山楂不但可以帮助消化，还有助于子宫收缩，促进恶露排出，有利于身体恢复。

五、不宜多吃的食物

哺乳期妈妈要少吃腌制食品、刺激性食品，不吃被污染的食品。另外，哺乳期妈妈应避免进食抑制乳汁分泌的食物，如麦芽、人参、韭菜等。

课堂笔记

哺乳期妈妈的饮食应当清淡一些，避免辛辣、刺激性食物。如果宝宝出现便秘的情况，妈妈也切勿轻易断母乳，而应当调整饮食结构，以清淡、易消化的食物为主，保持大便通畅。妈妈可以给宝宝做抚触，让宝宝取仰卧位，妈妈用右手掌根部紧贴宝宝腹壁，以顺时针方向轻揉腹部，每次 2 ~ 3 分钟，每天 2 ~ 3 次。这样可促进宝宝胃肠道的血液循环，增加肠蠕动，不但会使大便通畅，也可增进食欲。

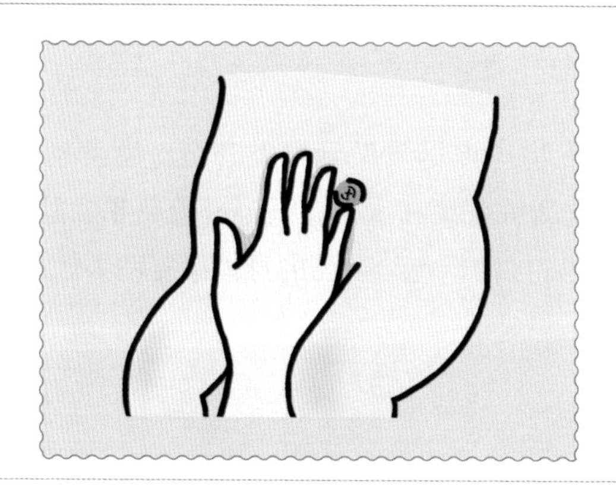

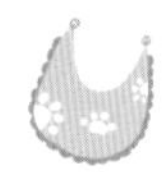

正确的哺乳姿势

一、侧卧抱法

使用这个方法抱宝宝时，妈妈是侧卧在床上的，妈妈需伸出侧卧一侧手臂，让宝宝的头枕在臂弯上，脸朝向妈妈，同时用枕头支撑住宝宝后背，使宝宝的嘴和妈妈的乳头保持在同一水平线上。

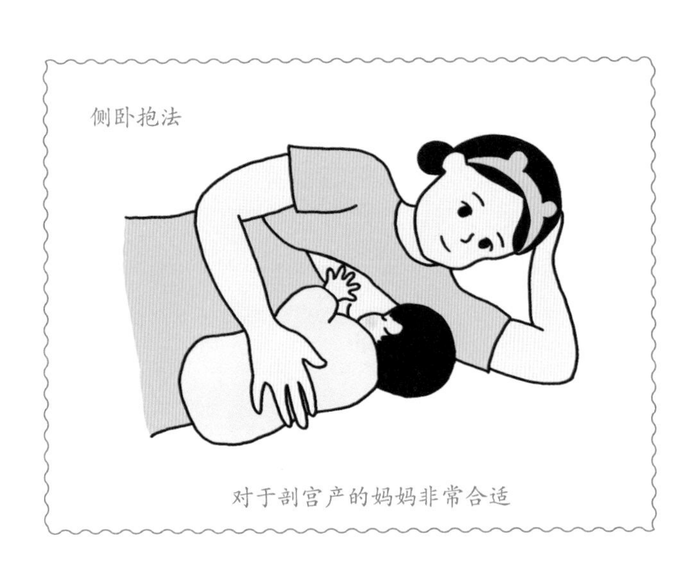

对于剖宫产的妈妈非常合适

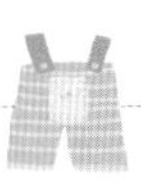

二、交叉抱法

使用这个抱法的主要技巧在于妈妈需用曲起的肘关节内侧支撑住宝宝的头，把宝宝抱在妈妈的一侧臂弯中，用妈妈的前臂托住宝宝大部分的重量，同时让宝宝的腹部紧贴妈妈的身体，妈妈用另一只手托出乳房哺乳。

最常见的哺乳姿势

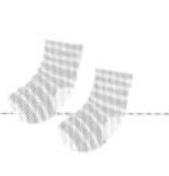

三、摇篮抱法

这个姿势和交叉式差不多，只是需要妈妈两只手一起抱宝宝，如果宝宝的头枕在妈妈的右臂上，就用左手托着宝宝的屁股，反之亦然。妈妈的手臂支撑着宝宝的背部，用手掌托住宝宝的屁股，这样的姿势特别适合早产儿，方便妈妈控制宝宝的小脑袋。

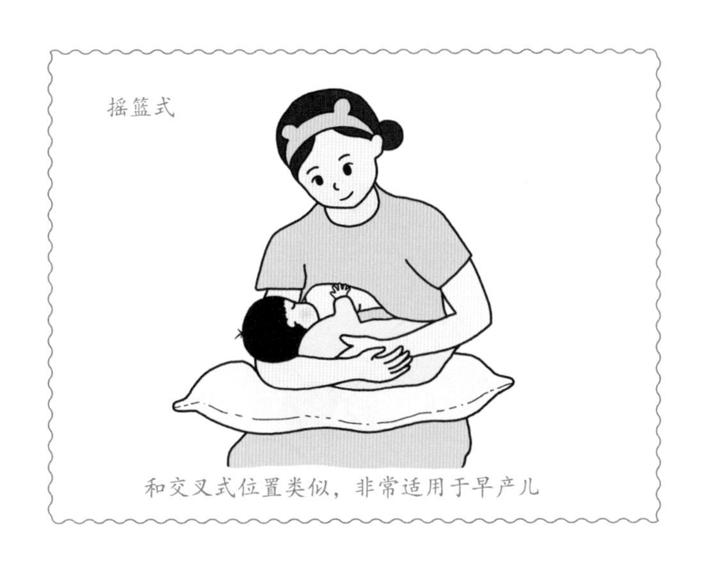

和交叉式位置类似，非常适用于早产儿

四、“橄榄球/足球”抱法

这个姿势适用于剖宫产的妈妈，因为这个哺乳姿势对伤口的压力很小。这个姿势还有利于妈妈观察宝宝吃奶时的情况，以便随时调整宝宝的位置。使用这个抱法时，通常需要让宝宝躺在一张较宽的椅子或者沙发上，将宝宝置于妈妈手臂下，在孩子头部以及身体下面垫上一个枕头或者其他支撑物，使宝宝的头部达到妈妈乳房水平位置，嘴巴含住妈妈的乳头，同时妈妈需用手指支撑着宝宝的头部和肩膀进行哺乳。

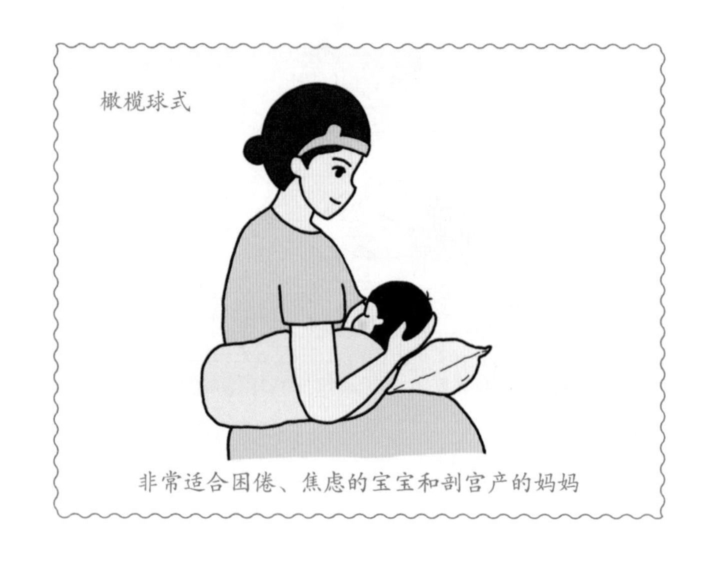

非常适合困倦、焦虑的宝宝和剖宫产的妈妈

正确哺乳的要点

一、妈妈姿势应得当

妈妈哺乳时应采用舒适的姿势，可在腰后、肘下、怀中垫好枕头或软垫。如果是坐在椅子上哺乳，脚下踩一只脚凳，让膝盖抬高能让宝宝更顺利地吃到母乳。如果是坐在床上哺乳，可用枕头或者其他支撑物垫在妈妈膝盖下，把宝宝托高到与乳房同一高度再哺乳。也就是说，妈妈不要前倾身体将奶头送进孩子嘴里，而是利用枕头将孩子拥抱到胸前，这样能更好地控制哺乳进程，防止呛咳。

二、妈妈将乳房托到宝宝面前

哺乳时，宝宝通常是横躺在妈妈怀里的，头枕在妈妈上臂或者肘窝里，身体其他部位靠着妈妈的前臂，整个身体与妈妈贴紧，脸对着妈妈的乳房。避免让宝宝扭转头或脖子来找乳房。

妈妈可采用“C”字形手法托起乳房，也就是大拇指放在乳房的上方，其余手指支撑着乳房底部，靠在乳房下的胸壁上，拇指和食指可以轻压乳房，改变乳房形状，使宝宝更容易含接乳头。注意：妈妈的手指要离乳晕一定距离，不要太靠近乳头处，以免污染乳头。

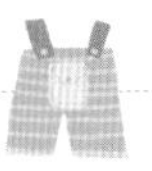

三、宝宝正确的含乳姿势

哺乳时，如果宝宝不张嘴，妈妈可以用乳头轻轻逗引宝宝的下唇，觅食的本能会令宝宝张嘴吸吮。乳头应该压在宝宝的舌头上方，越过宝宝的牙床，让宝宝含住大部分的乳晕。如果没有含住乳晕仅仅吸吮乳头不仅宝宝吃不到奶，还会让妈妈乳头皲裂。

宝宝正确含乳时，下巴会贴近妈妈的乳房，嘴巴张大并且嘴唇往外翻，脸颊没有凹陷，头、颈和躯干呈一条直线，妈妈的乳房也不会疼痛。正确的衔乳方式有助于宝宝挤压乳晕下的输奶管，获取大量乳汁。一旦发现宝宝的衔乳方式不对，妈妈可以用小手指伸进宝宝下唇和乳房之间，断开衔接，让宝宝重新衔乳。

四、宝宝有效地吸吮

宝宝有效吸吮乳汁时，嘴巴会张大并且嘴唇往外翻，如果发现宝宝的下唇窝在嘴里，可以用手轻轻拨弄其下巴和嘴唇，帮助宝宝将下唇释放出来。正确的吸吮方式才能刺激乳腺持续分泌乳汁。

五、让宝宝呼吸通畅

哺乳时，宝宝的下颌会紧贴妈妈的乳房，鼻子会向上翘，鼻孔朝外，采用这种姿势哺乳时宝宝的呼吸还是很通畅的。如果妈妈的乳房挡住了宝宝的鼻孔，可以试着轻轻按下乳房，让宝宝呼吸通畅。

第十课 宝宝吃饱了吗?

妈妈的奶量通常难以估计，有的妈妈乳房柔软，奶水充足，宝宝容易吃、吃得快；有的妈妈乳房坚实、奶水少，宝宝吃着费劲儿、吃不饱。长时间吃不饱会影响宝宝身体发育。因此，注意观察宝宝有没有吃饱对宝宝生长发育十分重要。

判断宝宝是否吃饱了有两种方法。第一种方法是根据宝宝的尿量和大便来判断。如果宝宝每天尿湿5 ~ 6 块尿布，每天排出 2 ~ 4 次金黄色稠粥样的大便，表明妈妈的奶量很充足，宝宝吃饱了。

第二种方法要依赖妈妈敏锐的观察力。哺乳时妈妈可以注意倾听宝宝吞咽的声音，看宝宝吸多少次咽一口，一般平均吸吮 3 ~ 5 次应该咽一口，若宝宝吸得多而咽得少，则说明奶不够吃。此外，正常情况下，宝宝吃饱奶后会停止吸吮，安静入睡，醒后精神愉快。妈妈也可以根据宝宝的情绪来判断宝宝有没有吃饱。

课堂笔记

纯母乳喂养的宝宝不必喂水。这是因为母乳含有足够的水分，不需要给宝宝补充额外的水分。即使是炎热的夏季，妈妈也会自动调节乳汁中的水分以满足宝宝对水的需要。由于胃容量有限，对于宝宝来说，水会增加饱腹感，反而会减少宝宝对妈妈乳汁的需要量，宝宝获得的营养也会跟着减少。

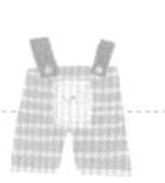

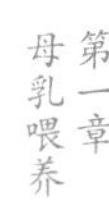

乳汁不足

不少妈妈会出现乳汁不足的情况，这是很常见的，因此妈妈们不要给自己太多的心理负担。毕竟不是所有的妈妈都能一下子实现母乳喂养。如果出现了母乳不足的情况，妈妈们可以尝试以下做法。

一、保持信心

哺乳期妈妈要避免烦恼和忧虑，因为负面情绪会影响垂体泌乳中枢，使乳汁的分泌减少。妈妈们可以进行适当的户外活动，保持心情畅快，坚信自己和宝宝能够配合好，能够完成母乳喂养的任务。

二、增加哺乳的频率

产后1~2周内由于宝宝胃容量小，会因为很快饥饿而不断要求吸奶。此时按需哺乳不仅可以满足宝宝身体的需要，随着吸吮次数的增加，妈妈乳房频繁受到吸吮的刺激，乳汁也会逐渐充足起来。

三、摄入足够的营养

如果妈妈营养不良，乳汁分泌量就会受到影响。因此，哺乳期妈妈应

多吃营养丰富且易消化吸收的食物以及足够的新鲜水果和蔬菜，为乳汁分泌提供充足原料，促进乳汁分泌。当然，加强营养要根据每个人的情况酌情进行，不可过急、过猛。

四、避免服用避孕药品

避孕药品中大多含有雌激素和孕激素，二者会抑制乳汁分泌，而且激素类药物可通过乳汁进入宝宝体内，影响宝宝生长发育。因此，哺乳期妈妈最好采用其他方法避孕。

五、不要轻易放弃母乳喂养

当发现乳汁不足时，首先应查明原因，对症采取措施。一般情况下可通过增加宝宝的吸吮次数来促进乳汁分泌，必要时可以请家人帮助吸吮。如果轻易地给宝宝添加辅食，就会减少吸吮的次数，从而使乳汁的分泌更趋减少。采取各种措施后乳汁仍不足时，再考虑采用混合喂养的方法来满足宝宝的生长发育需要。

如果母乳确实不能够满足宝宝的生长发育需要，可以采用配方奶粉弥补母乳不足的部分。但是选择配方奶粉时，一定要注意购买正规厂家生产的合格产品。

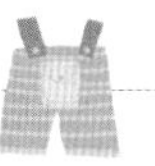

乳头皲裂

乳头皮肤比较娇嫩，宝宝用力吸吮乳头、奶水不足或乳头过小、乳头内陷、宝宝唾液浸渍都会使妈妈的乳头表皮剥脱，形成大小不等的裂口。宝宝衔乳姿势不正确，没有含住乳头及大部分乳晕也会造成妈妈乳头疼痛，出现皲裂。使用肥皂、乙醇等刺激物清洁乳头会导致乳头过于干燥，让乳头皮肤发生皲裂，裂伤严重时还可使乳头溃烂并继发感染。

一、怎样防止乳头皲裂？

乳头皲裂会影响妈妈的母乳喂养积极性。因此，预防乳头皲裂对母乳喂养顺利进行尤其重要。预防乳头皲裂的常规措施有：①保持乳头清洁。②采用舒适的喂养姿势。侧卧位哺乳发生乳头皲裂的情况较多，在身体条件允许的情况下，妈妈们尽量多采用坐位哺乳。③哺乳前做好准备。哺乳前按摩乳房1分钟左右，挤出少量乳汁以促进乳腺管通畅并刺激乳头勃起，有利于宝宝含接。④帮助宝宝正确衔乳。妈妈将全部乳头及大部分乳晕放在宝宝口中，同时让宝宝紧贴母亲身体以免过度牵拉乳头，哺乳过程中妈妈可以适当调节宝宝姿势。⑤避免生硬抽出乳头。哺乳结束后，妈妈用食指轻按宝贝的下颌，待宝贝张口时乘机把乳头抽出，切不要生硬地将乳头从宝宝嘴里抽出。

二、乳头皲裂如何处理？

乳头发生皲裂时妈妈也要坚定信心，坚持哺乳。每次哺乳前先做热敷并按摩乳房刺激排乳反射，挤出少许奶水使乳晕变软，这样便于宝宝正确衔乳，含住乳晕。哺乳时让宝宝先吸吮健侧乳房，如果两侧乳头都有皲裂则先吸吮皲裂情况较轻一侧。注意让宝宝含住乳头及大部分乳晕，妈妈可适当调整喂奶姿势，以减轻宝宝用力吸吮时对乳头的刺激。哺乳结束后，妈妈可用温水清洁乳头再涂抹适量小儿鱼肝油滴剂（注意在下一次哺乳前要先将药物洗净）。如果裂口经久不愈应及时就诊，请医生处理。

裂口疼痛剧烈时暂不让宝宝吸吮，妈妈可用吸奶器及时吸出奶水或用手挤出奶水以减轻炎症反应，促进裂口愈合。

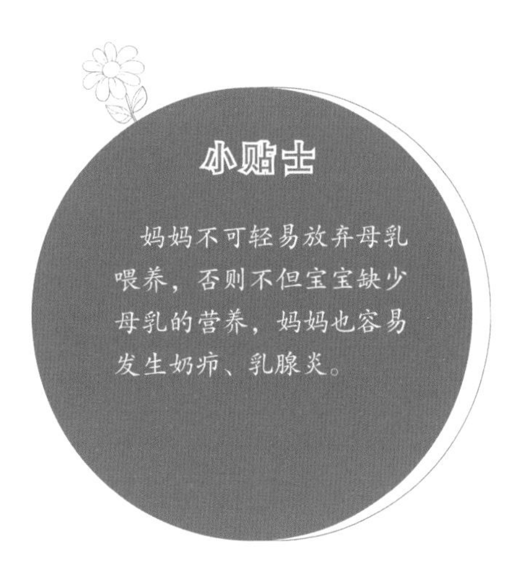

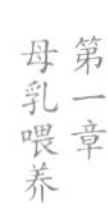
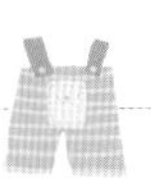

乳腺炎

一、乳腺炎初期症状不严重时

在乳腺炎初期症状不严重时，妈妈可以继续哺乳。乳腺炎初期常有乳头皲裂、乳汁淤积不畅或结块的情况，乳房会出现胀痛、压痛、皮色不红或微红、皮肤不热或微热。这样的情况下，妈妈哺乳时应尽量让宝宝把奶水吸完，促进奶水排空有利于病情好转。

二、服用控制乳腺炎药物的情况下

针对较轻微的乳腺炎，若妈妈服用治疗药物，要根据药物的特性，在医师指导下服用并确定是否能继续哺乳。部分药物通过口服被身体吸收会影响乳汁的质量，不宜进行母乳喂养。

三、乳腺炎病情加重时

乳腺炎病情加重时，疼痛感加重、结块明显、皮肤发红发热、脓肿形成并伴有高热。若为单侧乳腺炎可用另一侧健康的乳房进行哺乳，如果两侧的乳房乳腺炎都较严重则应暂缓哺乳。此时虽然暂停哺乳但仍要将乳汁挤出，并接受治疗。

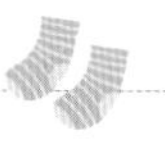

课堂笔记

妈妈如果只是患上一般的感染性疾病，如感冒、腹泻等，并不会增加宝宝患病的风险，反而还可让宝宝从乳汁中获取母亲对这些疾病所产生的抗体。因此，一般情况下，妈妈感冒、腹泻时并不需要立即停止母乳喂养。

但是需要引起注意的是，哺乳期的妈妈切勿自己随意用药，而应在医生的指导下用药，在就诊时还应告知医生自己处于哺乳期，这样医生可以根据实际情况选用相对安全的药物或者是权衡是否需要暂停母乳喂养。同时，妈妈在用药期间也应注意观察宝宝的情况，一旦宝宝出现不良反应，应及时就诊。

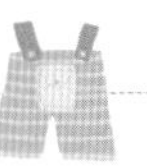

乳头混淆

乳头混淆是指新生儿在吸吮母亲乳头之前先吸吮了奶瓶，或家长曾频繁地使用奶瓶喂养宝宝，致使宝宝出现不会吸吮或不愿吸吮母乳的情况。目前，乳头混淆已经成为母乳喂养失败的重要原因。

一、乳头混淆发生的原因

吸吮母乳和吸吮奶瓶的动作难度和技术要求是不一样的。宝宝吸吮奶瓶时，只需要两颊轻轻用力，奶瓶里的奶水就因为口腔中的负压而流出；而吸吮母乳则需要宝宝用舌头和下腭配合挤压乳晕处才能成功吸吮到母乳。对宝宝而言，吸吮母乳难度更大也更吃力。宝宝习惯了奶瓶的吸吮方式之后，在吸吮母乳时就难以吸出乳汁，久而久之宝宝就不愿意吸吮母亲的乳头，导致母乳量急剧下降，甚至导致母乳喂养失败。

家长缺乏经验，不知道如何实现母乳喂养；新生宝宝暂时没能掌握吸吮母亲乳头的要领而不能好好地吃母乳；家长担心宝宝饿着，用奶瓶给宝宝喂养；宝宝发现吸吮奶瓶容易，吸吮母乳困难，进而不愿吸吮妈妈的乳头，等等，这些都会导致乳头混淆。

二、如何预防乳头混淆？

之所以发生乳头混淆，很大程度上是由于家长认为奶瓶喂养和母乳喂养

没有什么区别。家长应纠正认识上的误区，树立母乳喂养的信心，耐心训练宝宝，使宝宝学会吸吮母乳才能从根源上避免乳头混淆。

1. 坚持母乳喂养，避免使用奶瓶喂养

哺乳期妈妈要保持心情愉悦，相信自己和宝宝一定能配合好，能成功实现母乳喂养。初期母乳不足时，也应坚持定时让宝宝吸吮妈妈乳头，熟悉吸吮的技术，逐渐适应并最终愉快地配合母乳喂养。这样做的好处是妈妈的乳汁也会越吸越多。切忌因为奶水不足，担心宝宝的营养不足而擅自改用奶瓶喂养，这会前功尽弃，导致母乳喂养失败。

2. 想方设法提高母乳量

存在乳头混淆的宝宝，通常都有母乳不足的妈妈。乳头和乳晕缺少宝宝吸吮的刺激，奶量自然较少。奶水越少，宝宝越不爱吃；宝宝越不吃，奶水就越少。要打破这种恶性循环，除了纠正宝宝的乳头混淆，提高奶量也是当务之急。要让宝宝多吸吮母亲的乳头，同时妈妈要多吃能增加奶量的食物、保持愉快的心情和母乳喂养的信心。

三、发生乳头混淆时如何处理？

1. 正确的哺乳姿势和衔乳方式

喂奶时，妈妈首先要选择舒服的哺乳姿势，然后让宝宝身体面向自己并帮助宝宝正确含接，即让宝宝含住大部分乳晕，而不是只含着乳头。宝宝衔乳方式不正确不仅影响宝宝吃奶，还会让妈妈的乳头疼痛。

2. 做好“持久战”的准备

如果宝宝已经习惯了奶瓶，要让宝宝重新习惯妈妈的乳头并不是轻而易

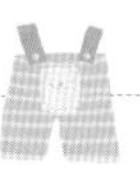

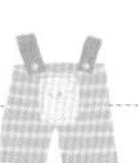

举的事，爸爸妈妈不能太着急。成年人吃饭时把筷子换为勺子都需要一定的时间去适应，更何况是小宝宝？在纠正宝宝乳头混淆时，爸爸妈妈一定要做好“持久战”的准备，不要一两天没纠正过来就放弃了。

3. “浑水摸鱼”法

妈妈可以给宝宝准备触感跟乳头类似的奶嘴，尝试趁宝宝不注意时给宝宝由奶瓶喂哺换为妈妈哺乳，让宝宝逐渐习惯吸吮妈妈的乳头。

4. 注意喂奶时间

有的妈妈认为等宝宝很饿的时候再给宝宝吃母乳，宝宝会更容易接受，事实并不是这样。宝宝饥饿时把乳头强硬地塞给他/她，宝宝不但不吃，反而会一直哇哇大哭。妈妈可以选择在宝宝不怎么饿或是需要安慰时给宝宝喂奶，让宝宝愿意接受并逐渐习惯妈妈的乳头。

5. 说服家人，统一战线

纠正乳头混淆过程中遇到宝宝大哭的情况是难免的。这时家长们需要坚定信念，不要宝宝一哭就心软而送上奶瓶。首先，爸爸妈妈要达成统一战线，不能轻易向宝宝妥协；其次，爸爸妈妈还要说服家里的长辈，因为长辈们总是担心饿着宝贝孙子/孙女（外孙/外孙女），宝宝一哭就心软要给奶瓶。

6. 安心哺乳

建议妈妈选择一个安静的环境哺乳，让自己和宝宝独处，这样做一来可以免受外人的干扰，让妈妈安心给宝宝哺乳；二来有助于让宝宝早日习惯妈妈的乳头。

乳头内陷

一、孕期及时纠正乳头内陷

一般建议乳头内陷的女性在孕期就开始纠正。孕期是纠正乳头内陷的好时机，此时孕妈妈体内雌、孕激素增多，乳房腺管、腺泡开始发育，乳房增大变软同时乳晕着色，乳头也易勃起，孕妈妈可在专业医务人员的指导下采取有效的纠正措施。

需要尤其注意的是，由于孕期按摩乳头可对子宫产生刺激引起子宫收缩，因此按摩时一旦出现腹部疼痛或不适，应立即停止。

二、每次哺乳前先牵拉乳头

如果妈妈的乳头过短、过小，妈妈在喂奶前需要坚持进行矫正，可以参考以下两种方法：一是用拇指、食指、中指3个手指捏起乳头，向外牵拉并保持半分钟，每组牵拉30次，每天至少进行4组，在喂奶前进行即可；二是采用吸奶器吸引乳头，每次吸住奶头约半分钟，连续5～10次，每天至少2组。

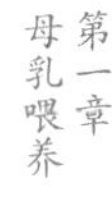

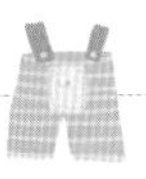

三、树立哺乳的信心

乳头内陷的妈妈在面对哺乳困难时，往往会出现不同程度的焦虑情绪，此时妈妈们更应该树立哺乳的信心，积极哺乳。哺乳时，可用中指和食指轻轻夹住乳晕上方，这样既可以使乳头尽量突出，还能够防止乳房堵住宝宝鼻孔。妈妈可以多尝试不同的哺乳体位，找到不仅可以帮助宝宝正确衔乳，还可以方便自己哺乳的姿势。

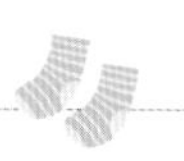

哺乳期乳房保养

一、哺乳前

轻轻按摩乳房或用毛巾热敷可以刺激泌乳，从而避免宝宝长时间吸吮。哺乳前不要用肥皂、乙醇等刺激性物质清洁乳头，以免乳头受损。

二、哺乳时

帮助宝宝正确衔乳，将乳头及大部分乳晕放入宝宝口中，这样对妈妈乳房的牵拉较小，宝宝也容易吃饱。

三、哺乳后

如果乳头没有皲裂，妈妈可用少许自己的乳汁涂抹在乳头上，由于人乳含有丰富的蛋白质，可对乳头起到保护作用。如果乳头已皲裂但未出现感染，妈妈可用温水清洁乳头后涂抹适量的维生素D滴剂。如果乳头皲裂且已出现感染，妈妈则应及时就医。

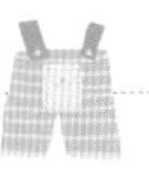

专家点拨——每次哺乳前都要清洗乳头吗?

保持乳头干净是很有必要的，但是并不是每次喂奶前都要清洗乳头。频繁地清洗乳头,特别是使用肥皂清洗,会洗掉乳头和乳晕上的保护性油脂,使皮肤干燥而易皲裂。

实际上大多数妈妈没有时间在每次哺乳前清洗乳头，特别是在按需哺乳或是夜间哺乳的时候。为了保持清洁卫生，妈妈们可以每天用温水清洗乳头，使乳头保持弹性和润泽，有助于防止乳头皲裂。

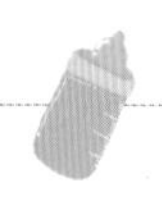

母乳的储存

一、储存母乳的原则

新鲜母乳在室温下可以保存4个小时；在冰箱冷藏室（0～4℃恒温）中，母乳可以保存8天；在独立的或专用的冷冻室（–20～–18℃）中，母乳可以保存6个月。

母乳应尽量放在冰箱内部，避免放在靠近冰箱门的位置以防止乳汁温度受冰箱开关门影响。

二、乳汁加温方法

冷冻的母乳可于前一晚拿到冷藏室慢慢解冻（约需12小时），或是在流动的温水下解冻。

冷藏过的奶水置于室温下退凉，或是将奶瓶放于内有温水的碗中慢慢回温，不要隔水煮沸。

- 不要使用微波炉解冻母乳。
- 冷冻的乳汁加温后可轻微地摇晃，使奶水和油脂混合均匀。
- 冷冻后的乳汁加温后，即使宝宝一餐没有喝完也不可以再留到下一餐食用。

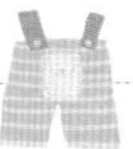

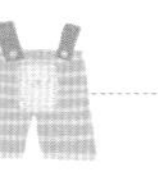

背奶妈妈

产假过后，妈妈要返回工作岗位。出门上班前妈妈可以在家里先挤好奶放入冰箱保存。即便妈妈不在家，宝宝饿的时候，依然有母乳可以填饱小肚子。

妈妈还可以带上吸奶器、奶瓶去上班，然后将挤出的乳汁暂时存放在公司的冰箱，下班后再带回家。

背奶妈妈要做到：

•大部分宝宝都隔3个小时左右吃1次奶，妈妈可以根据宝宝的吃奶频率来决定挤奶的频率，挤奶间隔时长最好不要超过3个小时。

•避免等到乳房很胀的时候再挤奶，胀奶会减少乳汁的分泌量。

•使用专门储存母乳的储存袋或是奶瓶储存母乳。如果不是一次性的储存器皿则需要经过严格的消毒才能再次使用。

•如果单位没有冰箱，职场妈妈应该自己置办1个小小的便携冷藏箱储存母乳。

•吸奶的整个操作过程中请注意卫生，吸奶前要洗干净双手。

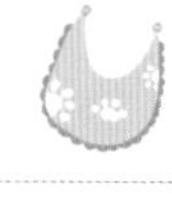
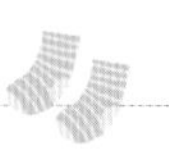

背奶妈妈需注意：

- 不能用微波炉直接加热母乳储存袋。
- 加热后没有喝完的剩余母乳不可重复冷冻储藏。
- 母乳储存袋若为一次性，不可重复使用。
- 不要将新挤出的母乳和没有喝完的母乳混合。

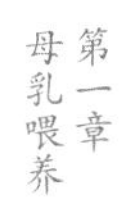

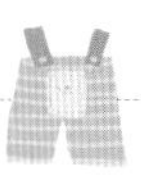

坚持哺乳多长时间?

世界卫生组织（WHO）建议坚持哺乳24个月以上，联合国儿童基金会（UNICEF）也持有相同的观点。我国营养学会妇幼分会根据中国宝宝身体和消化系统发育状况认为，2岁是宝宝最佳的断奶时间。每个宝宝的“生长节奏”都不一样，因此每个宝宝自动离乳的时间也有所不同。一般来说，自动离乳常发生在宝宝18月龄至3岁之间。

专家点拨——母乳喂养的误区

误区一：6个月后的母乳就没什么营养了。

大量的研究证明，母乳无论在什么时候都富含营养，如脂肪、蛋白质、钙和维生素等，尤其是对孩子身体健康至关重要的免疫因子。与营养价值相等重要的是长期母乳喂养对于幼儿心理和情感方面需求的彻底满足。

误区二：不断奶，孩子会因为依恋母乳而不好好吃饭。

大多数见了妈妈就黏在奶头上不肯吃饭的孩子是因为孩子从母亲那里没有得到足够的关爱，母亲除了喂奶之外，陪伴孩子无论是质还是量都不够高，孩子以无休止地要求吃奶来满足自己对母亲的需求。

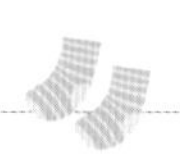

不能吃母乳的宝宝

虽然对绝大多数宝宝而言，母乳是最好的食物，可是也有部分宝宝不能吃母乳。

一、患半乳糖血症的宝宝

半乳糖血症是血半乳糖增高的中毒性临床代谢综合征。半乳糖代谢所需要的3种酶当中任何1种酶先天性缺失均可致宝宝患半乳糖血症。患有这种疾病的宝宝一旦进食含有乳糖的母乳或配方奶粉后，就会出现半乳糖代谢异常，致使1-磷酸半乳糖及半乳糖蓄积，进而引起神经系统疾病，导致智力受损，有的宝宝还伴有白内障，肝功能、肾功能损伤等。

在临床上，患有急性半乳糖血症的宝宝会出现拒乳、呕吐、腹泻、肝大、黄疸、腹胀、低血糖、蛋白尿等症状。病情较轻的患儿多无急性症状，但随年龄增长可逐渐出现发音障碍、白内障、智力障碍及肝硬化等。被明确诊断的患儿要立即停止母乳或普通配方奶粉喂养，而应以不含乳糖的特殊配方奶粉喂养。

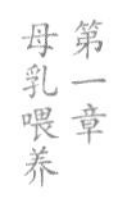

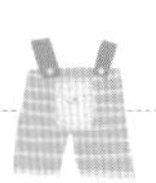

二、患枫糖尿病的宝宝

枫糖尿病是一种遗传性支链氨基酸代谢障碍的疾病，分为经典型、间歇型、中间型、硫胺素反应型和E3缺乏型，其中以经典型最多见，占患儿总数的75%。经典型枫糖尿病患儿的主要临床表现为中枢神经受损，如肌张力增加、惊厥、嗜睡和昏迷，同时有代谢性酸中毒。多数患儿还伴有惊厥、低血糖，血和尿中分支氨基酸及相应酮酸增加，有特殊的尿味及汗味。这样的宝宝也不适合用母乳或普通配方奶粉喂养，要选用低分子氨基酸的特制奶粉喂养。

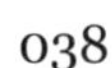

不能喂母乳的妈妈

和有的宝宝不能吃母乳一样，有的妈妈也不宜哺乳。

一、患部分慢性疾病需长期用药的妈妈

患有癫痫、甲状腺功能亢进等疾病或者正在接受放疗、化疗的妈妈不宜进行母乳喂养。妈妈服用的治疗药物会进入乳汁，影响宝宝健康。

二、处于细菌或病毒急性感染期的妈妈

处于细菌和病毒急性感染期（比如开放性结核病，各型肝炎的传染期）的妈妈也不适宜哺乳。一方面，致病细菌或病毒可能会让宝宝也感染疾病；另一方面，由于身处感染期，妈妈需要服用药物控制病情，这些药物也会进入乳汁，对宝宝健康不利。这两个因素都会对宝宝造成不良的影响。

专家点拨——妈妈患有甲型肝炎（甲肝）该怎样进行母乳喂养？

当妈妈患有甲肝且处于急性期隔离时，应暂时停止母乳喂养，但要每天坚持挤奶保持泌乳。婴儿应接种甲肝疫苗。待妈妈度过急性隔离期后可以继续进行母乳喂养。

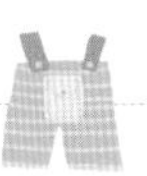

专家点拨——妈妈患有乙型肝炎（乙肝）该怎样进行母乳喂养？

如果妈妈患有乙肝但肝功能正常，同时婴儿在高效价乙肝免疫球蛋白和乙肝疫苗双重免疫之下，还可以选择母乳喂养。但是当妈妈肝功能异常时，不建议母乳喂养。

乙肝妈妈实行母乳喂养时，应注意：

- 喂奶前洗手。
- 乳头皲裂或婴儿口腔溃疡时暂停母乳喂养。
- 婴儿和母亲不可共用物品，擦洗用的毛巾、盆、用餐器皿等均应分开。
- 婴儿定期检测乙肝抗原体。

三、正在接受I^{131}治疗的妈妈

I^{131}会进入乳汁，如果宝宝喝了含有I^{131}的乳汁，其甲状腺功能可会受到损害。所以正在接受I^{131}治疗的妈妈要等到治疗结束后，检验乳汁中放射性物质的水平达到正常后再给宝宝喂奶。

四、患严重心脏病的妈妈

心脏功能衰竭的妈妈不宜进行母乳喂养，因为哺乳会加重心脏负担，导致病情进一步恶化，甚至危及生命。

五、患严重肾脏疾病的妈妈

哺乳同样会加重妈妈的肾脏负担，危及生命。

六、患严重精神疾病或产后抑郁症的妈妈

这样的妈妈有时不能控制自己的行为，无法保证宝宝的人身安全。与此同时，治疗精神疾病和抑郁症的药物有可能进入乳汁从而影响宝宝的身体健康。

专家点拨——哺乳期妈妈药物的使用

- 哺乳期妈妈用药应当咨询医生并严格遵照医嘱服用。
- 避免服用磺胺类药物。磺胺类药物会加重宝宝黄疸、粒细胞减少；一定得用药时，应暂停哺乳。
- 避免服用导致奶量减少的药物。含有雌激素的避孕药和噻嗪类利尿剂会使奶量减少。

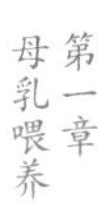

第二章 神经系统发育

在宝宝生长发育的过程中，神经系统的发育至关重要。宝宝的神经心理发育除了与遗传有关外，还与生长的外部环境密切相关。宝宝的神经系统是所有系统中发育时间最早、发育速度最快的，包括感知、运动、语言、记忆、思维、情感、性格等。

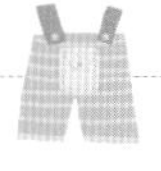

大脑和神经反射的发育

宝宝刚出生时，大脑的体积是成人大脑的1/3，神经元细胞分化还不成熟，脑组织处于生长发育的阶段，耗氧量较大。宝宝大脑发育需要丰富的营养和充足的睡眠。

人体正常的神经反射可以划分为两大类，一类是终生存在的反射；一类是出生后短暂存在，随着生长发育会逐渐消失的反射。宝宝出生时存在但随着生长发育慢慢消失的神经反射主要有觅食反射、吸吮反射、握持反射、拥抱反射等；而出生时即存在且终生不会消失的反射有角膜反射、瞳孔反射、结膜反射、吞咽反射等。宝宝刚出生时，腹壁反射和提睾反射是不存在的，随着宝宝的生长发育这两种反射才逐渐出现并伴随终生。

神经反射	出现的时间	消失的时间 / 月龄
觅食反射	出生时	4 ~ 7
吸吮反射	出生时	4 ~ 7
握持反射	出生时	2 ~ 3
拥抱反射	出生时	4 ~ 5
颈强直反射	出生时	3 ~ 4
踏步反射	出生时	2 ~ 3

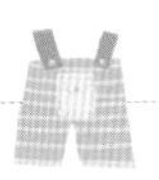

睡眠发育

睡眠是人复杂且重要的生理过程。刚出生的宝宝髓鞘发育不完善，需要长时间的睡眠（每天16～20小时）。随着年龄的增长，宝宝的睡眠时间也在逐渐减少，3～6个月的宝宝开始出现深睡眠，2～12月龄的宝宝每天睡眠能达到13～16个小时，其中白天睡3～4个小时，夜间睡9～10个小时。幼儿期睡眠时长为12～14个小时，学龄前期儿童缩短到11～12个小时，学龄期的儿童缩短到9～11个小时，到青少年时期睡眠时间可基本固定在每天8～9小时。

专家点拨——宝宝为什么会夜醒？

宝宝在睡眠中会出现一个常见的现象——夜醒。夜醒是宝宝觉得温度不适、呼吸不畅或饥饿时对自身的一种保护机制，随着年龄的增长，夜醒的次数也逐渐减少。

充足的睡眠是神经系统发育的有力保障，高质量的睡眠不仅有利于宝宝智力发育还可以促进其体格生长。睡眠不足及睡眠质量不佳都会影响孩子神经系统的发育，尤其是学习能力和记忆能力的培养。睡眠不足时，宝宝会出现情绪方面的变化，如易怒、爱哭闹等。长时间的睡眠不足可能会造成宝宝

昼夜节律紊乱，甚至引起婴儿猝死综合征、呼吸暂停等。

课堂笔记

让宝宝拥有高质量睡眠的方法：首先，爸爸妈妈们要为宝宝提供舒适、安静、温馨的睡眠环境；其次，白天和宝宝共同进行高质量的社交活动和体育活动，还要让宝宝摄入充足的营养物质；最后，晚上就寝前播放舒缓的音乐或讲睡前故事，让宝宝在感到父母关爱的同时迅速进入梦乡。

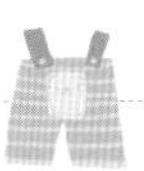

视觉发育

新生儿已有视觉感应能力，瞳孔有对光反应。但是由于晶状体形状的调节功能和眼外肌反馈系统发育尚未成熟，新生儿会出现眼球震颤的现象，3～4周内可逐渐消退。由于视网膜视黄斑区发育不全、眼外肌协调较差，新生儿视觉并不敏锐，仅可短暂注视物体且仅能看清距离自己15～20cm的物体。

1月龄宝宝可基本达到头眼协调，头可跟随移动的物体水平方向转动90°左右。3～4月龄的宝宝头眼协调能力提升，头可追随物体水平方向转动180°左右。6～7月龄的宝宝喜欢鲜艳明亮的颜色，目光可随上下移动的物体作垂直方向的转动，并可改变体位协调自己的动作，追随跌落的物体等。8～9月龄的宝宝开始出现视深度，即通过视觉估计对象的距离，能看到较小的物体。18月龄的宝宝对彩色图画有浓厚兴趣，能大概辨别形状。2岁的幼儿能区别垂直线与水平线，逐渐学会辨别红、白、黄、绿等颜色，视力可达到0.5。3岁左右的幼儿可以辨识颜色和基础形状。4～6岁幼童能够认识椭圆形、菱形、五角星形等形状，视深度充分发育，视力可达到1.0，可以阅读书本和黑板上的符号和文字。随着年龄的增加，因判断视深度不正确而常常撞到东西的情况逐渐减少。学龄前儿童如视觉异常可出现动作不协调或易摔跤。

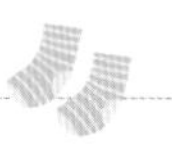

年龄	视感知特点
新生儿	有视觉感应能力，瞳孔有对光反应；有眼球震颤现象，3 ~ 4 周内可自行消失；视觉不敏锐，可短暂注视物体，15 ~ 20cm 距离视物最清楚
1 月龄	头眼协调能力提升，头可跟随移动的物体水平方向转动 90° 左右
3 ~ 4 月龄	头眼协调好，头可追物水平转动 180° 左右，能辨别彩色和非彩色的物体
6 ~ 7 月龄	喜鲜艳明亮的颜色，目光可随上下移动的物体作垂直方向转动并可改变体位协调动作，追随跌落的物体
8 ~ 9 月龄	可估计物体与自己的距离，能看清较小的物体
18 月龄	对图画有兴趣，能辨别形状
2 岁	能区别垂直线与水平线，逐渐学会辨别红、白、黄、绿等颜色，视力达到 0.5
3 岁	可以辨识颜色，认识圆形、方形和三角形等基础形状
4 ~ 6 岁	认识椭圆形、菱形、五角星形等形状，视深度充分发育，视力达到 1.0，能阅读书本和黑板上的符号和文字

有以下情况，请尽快就医：

☐ 新生儿对强烈的光线没有反应。

☐ 1～3月龄的宝宝双眼目光不能同时追随移动的物体。

第四课 听觉发育

新生儿出生时因鼓室无空气，听力较弱，对强声可有瞬目、震颤等反应，3～7日龄的婴儿听觉良好，50～90dB的声音可引起新生儿呼吸频率和节律的改变。新生儿还能区分声音高低。

婴儿2月龄时能辨别不同的语音，听觉习惯化已形成。3～4月龄婴儿头可转向声源。6月龄婴儿已能区分父母的声音，叫其名字有反应，听到悦耳声时会微笑，能对发声的玩具感兴趣。7～9月龄婴儿头眼协调能力增强，能注视声源，区别出语言的意义。10～12月龄婴儿两眼可迅速地转向声源，能听懂自己的名字。18月龄幼儿能区别不同声响，如摇铃声与人声，2岁时则对声响度区别较精确。3岁的幼儿对声音的区别则更精细，听觉发育逐渐成熟，并持续至青少年期。

新生儿听力筛查是早期发现听力障碍的有效办法，我国逐步将其纳入新生儿常规筛查内容。

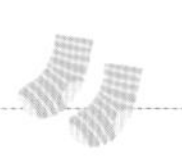

年龄	听觉发育特点
刚出生	听力差，对强声可有瞬目、震颤等反应
3 ~ 7 日龄	听觉良好，50 ~ 90dB 的声音可引起呼吸频率和节律的改变，能区分声音高低
2 月龄	能辨别不同的语音，听觉习惯已形成
3 ~ 4 月龄	头可转向声源
6 月龄	已能区别父母的声音，叫其名字有反应，听到悦耳声时会微笑，对能发声的玩具感兴趣
7 ~ 9 月龄	能注视声源，区别出语言的意义
10 ~ 12 月龄	双眼可迅速地转向声源，能听懂自己的名字
18 月龄	能区别不同声响，如犬吠声与汽车喇叭声
24 月龄	对声响度区别较精确
1 ~ 2 岁	能听懂简单指令
3 岁	对声音的区别更精细

有以下情况，请尽快就医：

□ 新生儿对大的声响没有反应。

□ 3~4月龄的宝宝不能转头找到发出声音的人或物体。

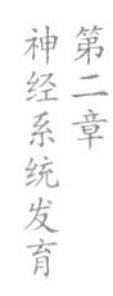
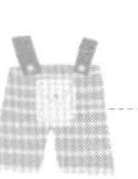

味觉与嗅觉

味觉主要有5种，即咸、甜、苦、酸、鲜。出生时宝宝的味觉发育已很完善。出生2小时的新生儿已能分辨出甜味、酸味、苦味和咸味，对不同的味觉会做出不同的面部表情。4～5月龄婴儿对食物轻微的味道改变已很敏感，能区别食物的味道，喜欢甜味的食物，是“味觉发育关键期”，应适时添加各类转乳期食物。

出生时，宝宝嗅觉发育已成熟，具有初步的嗅觉空间定位能力。出生后1～2周的新生儿能分辨出母亲与其他人的气味，会出现“认生”的现象。3～4月龄婴儿能分辨出让自己愉快与不愉快的气味。7～8月龄婴儿能分辨出芳香的气味。

皮肤感觉与知觉

皮肤感觉包括触觉、痛觉、温度等感觉。新生儿触觉已较灵敏，尤以眼、口周、手掌、足底等部位最为敏感，触之即有瞬目、张口、缩回手足等反应，而前臂、大腿、躯干部触觉则较迟钝。新生儿大脑皮层发育尚未完善，对痛觉、温度等刺激较迟钝，出生2个月后逐渐改善。2～3岁的幼儿能通过触摸区分物体的软、硬、冷、热等属性。5～6岁的儿童能分辨不同体积和重量的物体。

知觉是人对事物各种属性的综合反映。知觉的发育与听、视、触等感觉的发育密切相关。出生后5～6个月时宝宝已有手眼协调动作，通过看、摸、闻、咬、敲击等逐步了解物体各方面的属性，其后随着语言的发展，知觉开始在语言的调节下进行。1岁末，宝宝开始有空间和时间知觉的萌芽，3岁幼儿能辨上下，4岁幼儿可辨前后，5岁开始辨别以自身为中心的左右。4～5岁时孩子可理解时间的概念，能区别早上、晚上、昨天、今天、明天，5～6岁时逐渐掌握周内时序、四季等概念。

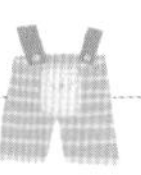

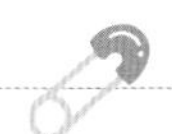

第三章 运动发育

运动发育可分为粗大运动（大动作）发育和精细运动（精细动作）发育两大类。

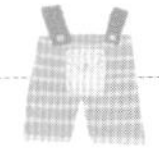

粗大运动

粗大运动指身体对大动作的控制，包括颈肌、腰肌的平衡能力，以及抬头、翻身、坐、爬、站、走、跑、跳等动作。

一、抬　头

新生儿俯卧位时能微微抬头1～2秒，2～3月龄的婴儿俯卧可抬头45°～90°，3月龄的宝宝直立状态时可以竖直头部，4月龄的宝宝可以很稳地抬头并能自由转动头部。

二、翻　身

4月龄的宝宝可由仰卧位翻身至侧卧位。4～7月龄的宝宝可有意转动上下肢，继而躯干、上下肢分段转动，可从仰卧位翻至俯卧位，再从俯卧位翻至仰卧位。

三、坐

新生儿腰肌无力，至3个月扶坐时腰仍呈弧形。满6月龄的宝宝能靠双手向前支撑独坐，8～9月龄的宝宝能坐稳并能左右转身。

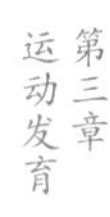

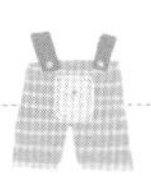

四、匍匐（爬）

宝宝2个月时俯卧能交替踢腿；3～4个月时可用手撑起上身数分钟；7～8个月时已能用手支撑胸腹，可后退或在原地转动身体；8～9个月时可用双上肢向前爬，12个月时能手膝并用爬行。

学习爬的动作有助于身体和智力的发育。通过探索周围的环境（如手够不到的东西，通过爬可以拿到），促进宝宝神经系统的发育。

五、站、走、跳

新生儿直立时双下肢稍能负重，出现踏步反射和立足反射；5～6月龄的宝宝扶立时双下肢可负重，并上下跳动；8～9月龄的宝宝可扶站片刻；10～14月龄的宝宝能独站和扶走；15～18月龄走路较稳；18～24月龄时已能跑和双足并跳；2～2.5岁时能单足站；3岁时能上下楼梯，可并足跳远、单足跳。

月龄	大动作发展规律
1	俯卧位微微抬头 1 ～ 2 秒
2	俯卧位抬胸
3	俯卧位肘部支撑抬头
4	俯卧位腕部支撑抬头，俯卧位翻到仰卧位
5	仰卧位翻到俯卧位，支撑下坐
6	独坐
8	爬行，爬到坐位转换，拉着站起来
9	四处爬行
11	牵手行走
12	独自行走
18	会跑

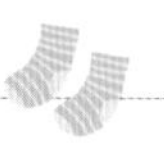

精细运动

精细运动主要指手和手指的动作，如抓握物品、堆积木等。婴幼儿精细运动发育也要经历不同的阶段。

年龄	精细运动发展规律
新生儿	紧握拳，触碰小手可引出握持反射，持续 2 ~ 3 个月
1 月龄	双手常握拳，物体碰到手时握得更紧
2 月龄	偶尔能张开手，给物体能拿住，偶尔把手或手里的物体送到口中
3 月龄	用手摸物体，触到时偶尔能抓住，手经常呈张开姿势
4 月龄	仰卧清醒状态时，双手能凑到眼前玩弄手指，称为“注视手的动作”（6 个月后消失）。常常去抓东西，距离判断不准。用整个手掌握持物体，手拿东西时间变长，而且会摇晃，并用眼睛看，出现最初的手眼协调
5 月龄	物体碰到手时出现主动抓握动作，但动作不协调、不准确。会玩衣服，把衣服拉到脸上。能玩玩具并抓握较长时间，双手取物，可把东西放到口中
6 月龄	迅速伸手抓面前的玩具，玩具掉下后再抓起。用全手抓积木，能握奶瓶，玩自己的脚。准确拿悬垂在胸前的物体。会撕纸玩。会拿积木，给第二块时扔掉第一块

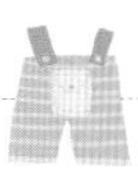

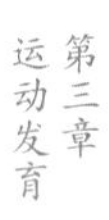

续表

年龄	精细运动发展规律
7 月龄	可用拇指及另两指握物。会用一只手触物。能将饼干放入口中，玩积木会一只手换到另一只手，手中有积木给另一块时，不扔掉原有的，会模仿堆积木
8 月龄	桡侧手掌或手指抓握。能将双手拿的物体对敲。可用拇指和食指捏起小物体。不知道怎么松手，喜欢让东西故意从高空掉下去
9 月龄	能将双手拿的物体对敲，可用拇指和食指捏起小物体
10 月龄	很熟练地用拇指和另一手指捏串珠，可用食指指物，能主动放下手中的物体，向其索取时不松手
11 月龄	喜欢将物体扔到地上听响声，主动打开物品的包装纸
1 岁	单手抓 2 ~ 3 块小物体。会轻轻抛球，会将物体放入容器中并拿出另一个。全手握笔在纸上留下笔迹
1 岁半	搭 2 ~ 3 块积木，全手握笔，自发乱画，会打开盒盖，倒出瓶中小物体用手去捏

有以下情况，请尽快就医：

□ 3月龄以上的宝宝，抱坐时头不能稳定。

□ 4~6月龄以上的宝宝不会用手抓东西，不会翻身。

□ 7~9月龄以上的宝宝不能用拇指和食指捏取物品、不能独坐。

□ 12~18月龄以上的宝宝不会独自站立、不会爬。

□ 18~24月龄以上的宝宝不会独立走路。

□ 2~3岁宝宝不能自如行走，经常摔倒，在帮助下也不会爬下台阶。

第四章
语言发育

语言为人类所特有的高级神经活动。语言交流是帮助孩子学习、进行社会交往、促进个性发展的一项重要能力。语言能力与智能关系密切。儿童语言发育是儿童全面发育的标志。

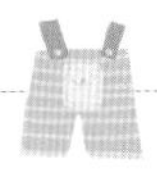

语言发育的阶段

语言发育要求孩子听觉器官、发音器官和大脑功能正常。除此之外，语言发育要经过发音、理解和表达3个阶段。

一、发音阶段

新生儿在不同刺激（如饥饿、疼痛等）下，会发出音响度、音调略有不同的哭叫声；婴儿3～4个月会发出“咕咕”的声音；7～8个月能无意识地发出“爸爸”“妈妈”等开口音。

二、理解阶段

在学习发音的过程中，孩子逐渐理解语言的含义。婴儿4月龄时会对声音进行定位，6～7个月时能听懂自己的名字，12个月左右已能听懂简单的词意，如“再见”“没有”“给我”等，还能熟悉常见物品名称，知道家庭成员的名字。亲人对婴儿发音做出及时、恰当的应答，加上多次的反复，可帮助其逐渐理解这些语音的含义。

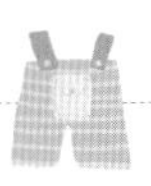

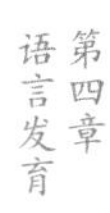

三、表达语言阶段

在理解的基础上，孩子逐渐学会语言表达。一般12月龄时，宝宝开始会说简单的词语，如“再见”“你好”，等等；18月龄时能认出身体各部分名称；2岁时能辨识出简单的物品、动物、家人等，词汇量增大，会说2～3个字构成的短句；3岁时能指认常见的物品、图画，基本可以进行流利表达；4岁时能讲述简单的故事或事情。

月龄	理解语言	表达语言
1	对声音敏感	能哭叫
2	社会性微笑	发出和谐的喉音
3	社会性微笑	咕咕的声音
4	对声音可以定位	笑出声
6	自己的名字	尖叫、咿呀学语、不同哭声
8	自己的名字	无意识叫“baba”“mama”
10	懂得“不”	开始用单词，一个单词表示很多意思
12	家庭成员的名字 熟悉物品名称 简单词组，如“再见”“没了” 简单需要，如“给我”	能叫出物品名称 用手势表达，如指物、摇头 会说两个字的词语，如“妈妈”“爸爸”
15	家庭成员名字和熟悉的物品名称 身体部分 简单词组，如“不要” 简单指示（不用手势）	用手势表达 除“妈妈”“爸爸”外能说出自己的名字和几个词
18	人、物名、图片 身体部分 简单指示（不用手势）	用手势表达 能认识和指出身体部位 说出家庭成员的名字

续表

月龄	理解语言	表达语言
24	人名、物名、图片 身体部位 简单指示(不用手势)	用手势表达 词汇量扩大 语言不流利
36	方位 “2”的概念 性别区分 2 ~ 3 个指示	完整的句子，会数数 语言流利
48	区分颜色 “相同”与“不同” 2 ~ 3 个指示	能唱歌 描述故事、事情

有以下情况，请尽快就医:

□3月龄以上的宝宝仍不能对人微笑。

□6月龄以上的宝宝仍不能笑出声。

□7~9月龄的宝宝对新奇的或不寻常的声音不感兴趣。

□10月龄以上的宝宝仍不能模仿简单的声音，也不能根据简单的口令，如“再见”等，做动作。

□18月龄~24月龄的宝宝不能用“是”或“不是”回答简单的问题。

□2~3岁的宝宝不会提出问题，不能说出熟悉物品的名称，不能说出2~3个字的句子。

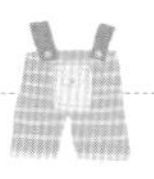

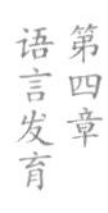

促进孩子语言发育的方法

儿童保健科医生经常遇到一些爸爸妈妈因语言发育问题带着自己的孩子来就诊。孩子2岁以后还不开口说话或者只能说简单叠词、单字，多数父母首先想到的是孩子舌系带过短导致语言发育障碍。其实，舌系带短只可能会影响孩子的发音，说话少甚至不会说话跟舌系带没有关系。那么爸爸妈妈需要怎样做才能促进宝宝的语言发育呢?

一、创造语言环境

让孩子在爸爸妈妈的陪伴下成长，尽量给孩子创造良好的语言环境。不要把语言训练的任务寄托给保姆、老人，甚至早教机构，也不要把语言训练任务寄托于电脑、手机、电视等媒介。语言学习需要父母与宝宝面对面交流、对话。

二、与宝宝互动

不要小看宝宝出生后几个月就开始的牙牙学语，那是宝宝最初的语言形式，也是语言发育的重要标志。宝宝牙牙学语时爸爸妈妈一定要跟宝宝有互动，给予频繁有效的语言刺激，才能促进宝宝语言发育。试想，如果

宝宝发声的时候有人给宝宝回应，跟他（她）交流，宝宝就会更积极地发声。如果发声经常没有人回应，宝宝就会觉得很无趣，可能就不那么爱发出声音了。

三、及时给予回应

7～8月龄的宝宝可能会无意识地发出“baba”“mama”的声音，但这个声音并不是宝宝有意识地叫爸爸妈妈。当宝宝发出“mama”的声音时，如果妈妈大声地回答“唉，妈妈来了！”并出现在宝宝面前，重复次数多，宝宝就能把“mama”跟现实中的“妈妈”建立条件反射。同样的方法，宝宝就能逐渐有意识称呼其他家人了。

四、重　复

不要以为宝宝不懂就不教，宝宝懂了还需要教吗？多和宝宝说话，看到什么就说什么，而且还要不断地重复，这样做对宝宝的语言发育至关重要。例如宝宝的身体部位（眼睛、鼻子、耳朵等），家里的物品（沙发、桌子、勺子等），户外的鲜花、小草、小狗、小猫，等等，每次看到都可重复表达，不厌其烦。家长提到的词汇越多，词汇跟实物建立联系的机会越多，这样能够帮助宝宝将实物跟语言对应起来。

总之，语言发育的关键是尽量跟宝宝说话并重复，创造宝宝开口的机会。

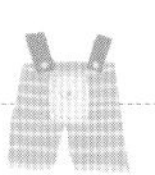

第五章
心理活动发展

心理活动包括注意力、记忆、思维、想象、情绪、情感、意志、个性与性格等。

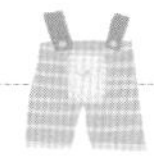

注意力的发展

注意力是指人把精力集中在一定的人或物身上。注意力分为无意注意和有意注意。无意注意是自然发生的，不需要刻意为之的注意力；有意注意是自觉的、有目的的行为，两者在一定条件下可以互相转化。

婴儿时期孩子的注意力主要是无意注意。婴儿3个月开始能短暂地把注意力集中在人脸和声音上。鲜艳的颜色、较大的声音等都能成为婴儿无意注意的对象。随着年龄的增长，活动范围越来越大、神经系统快速发育，孩子逐渐出现有意注意，但幼儿时期注意力不稳定，孩子易走神。5～6岁的儿童才能逐渐控制自己的有意注意。

提升注意力推荐做：

• 找不同。找出两张相似图片中不同的地方。

• 串珠子。准备不同颜色的珠子和细绳。家长串好一串珠子并引导孩子串出同样的一串（注意教导孩子不要将珠子放入口、鼻、耳中）。

破坏孩子注意力的行为：

• 在孩子专心看书、玩玩具时打断孩子。

• 给孩子看短视频。

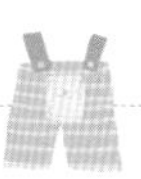

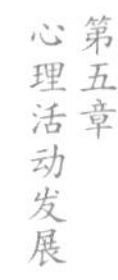

记忆的发展

记忆是将人脑捕捉到的信息进行“贮存”和“读出”的过程，可分为感觉、短期记忆和长期记忆。长期记忆又分为再认和重现两种，再认是以前感知的事物在眼前重现时能认识，重现则是以前感知的事物虽不在眼前出现，但可在脑中重现，即被想起。

1岁以内的婴儿只有再认而无重现，也就是说，在这一时期的婴儿基本是没有记忆的，长大了也不能回忆起这一时期的种种经历。随着年龄的增长，重现能力才逐渐增强。婴幼儿时期的记忆特点就是时间短、内容少、精确性差，易记住让自己情绪波动较大（如欢乐、愤怒、恐惧等）的事情。3岁儿童可回忆起几个星期前的事情。4岁儿童能记起几个月前的事。

随着年龄的增长和神经系统的发育，孩子能记忆的内容也越来越广泛、越来越复杂，能记忆的时间周期也越来越长。

增强记忆力推荐做：

• 给孩子讲故事，并让孩子用自己的话复述出来。家长注意引导孩子不要遗漏关键信息（人物、时间、地点等）。

• 引导孩子观察事物之间的联系，学会联想式记忆。

思维的发展

思维是人运用理解力、记忆力和综合分析能力来认识事物的本质、掌握其发展规律的一种精神活动，是心理活动的高级形式。

孩子在1岁以后就开始产生思维。婴幼儿主要依赖直觉活动思维，即思维与客观物体及行动分不开，无法脱离人物和行动来主动思考。学龄前期儿童则依赖于具体形象思维，凭具体形象引发联想，但无法思考事物之间的逻辑关系。随着年龄增长，孩子才可逐渐学会归纳、分析、分类、比较等抽象思维方法，使思维具有目的性、灵活性和判断性，并在此基础上进一步发展独立思考能力。

有以下情况，请尽快就医：

□ 10～12月龄的宝宝，当快速移动的物体靠近眼睛时，不会眨眼；不能和父母、家人友好地玩。

□ 12～18月龄的宝宝仍不能表现出愤怒、恐惧、高兴等多种情绪。

□ 18～24月龄的宝宝对常用词语仍不理解。

□ 2～3岁的宝宝不喜欢和小朋友玩，不能根据某个特征把熟悉的物品分类，如把食物和玩具分开。

□ 3～4岁的宝宝不能自己玩3～4分钟，不能说出自己的名字和年龄。

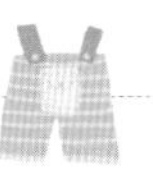

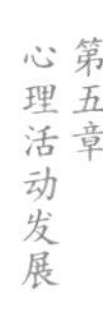

想象的发展

想象是对感知到的事物进行思维加工、改组、创造出现实中从未有过的事物形象的思维活动。想象常可通过口述、画画、写作、唱歌等来表达。

1～2岁的孩子由于生活经历有限，语言尚未充分发育，此时的想象仅仅局限于模拟成人生活中的某些动作。想象力稍增强要到孩子3岁以后，但此阶段孩子想象的内容呈现出片段、零星的特点。学龄前期儿童的想象力虽然有所发展，但还是以无意想象和再造想象为主，想象的主题易变。到了学龄期，儿童的有意想象和创造性想象才得以迅速发展。

激发想象力推荐做：

- 给孩子讲故事、读绘本，分享故事中的精彩片段。
- 让孩子讲故事并用心倾听，及时给予鼓励和赞美。

情绪和情感的发展

情绪是个体生理或心理需要是否得到满足时的心理体验和表现。情感则是在情绪的基础上产生的对人、物的关系的体验，属较高级、较复杂的情绪。

外界环境对情绪的影响很大。满6月龄的婴儿，因能辨认陌生人，所以逐渐产生对妈妈的依恋及分离性焦虑，9 ~ 12月龄的孩子对妈妈最为依恋。随着年龄的增长，与其他人交往的经历增多，孩子会逐渐产生一些比较复杂的情绪，如喜、怒和初步的爱、憎等。

婴幼儿时期，孩子情绪表现强烈但并不稳定，来得快去得也快。随着年龄的增长，孩子与周围人的交往加深，对客观事物的认识也逐步深化，对复杂情绪的耐受性和控制力逐渐增强，情绪反应渐趋稳定。配合生长发育各阶段的不同特点，孩子会产生信任感、安全感、荣誉感、责任感、道德感等。

小贴士

规律的生活和融洽的家庭气氛，以及拥有适度的社交活动，能使孩子维持良好、稳定的情绪和心态，有益于智力发育和良好品德的养成。

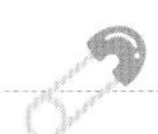

第六课

意志的发展

意志是指自觉地、主动地调节自己的行为，克服困难以达到预期目标或完成任务的心理过程。婴幼儿时期，孩子通过有意行动来控制自己的某些行动，即为意志的萌芽。随着年龄增长、神经系统不断发育，孩子参与越来越多的社会交往，意志逐步形成和逐渐发展。

积极的意志主要有自觉、坚持、果断和自制等。消极的意志则包含依赖、顽固、易冲动等。

小贴士

日常生活中，爸爸妈妈可通过户外运动、阅读故事、探索自然等方式来培养孩子积极的意志，增强其自制力、独立性和责任感。

个性和性格的发展

个性是个人在进行社会交往中所表现出来的与他人不同的习惯行为方式和倾向性，包括思想方法、情绪反应、行为风格等。每个人都有其特定的生活环境和心理特点，因此各人在兴趣、能力、气质等各个方面的个性不尽相同。性格是个性心理特征的重要方面，是在人的内动力与外环境产生矛盾和解决矛盾的过程中发展起来的，具有阶段性。

幼儿期的孩子虽已能独立行走，能表达出自己的需要，能自己控制大小便，有一定自主感，但又未脱离对亲人的依赖，常出现违拗与依赖相交替的现象。学龄前期的孩子，生活基本能自理，主动性增强，但主动行为失败时易出现失望和内疚。学龄期儿童则开始正规学习，生活中自主能力更强，此时父母要多鼓励孩子，孩子遇到挫折时应及时给予正向引导，帮助孩子树立自信阳光的好心态。

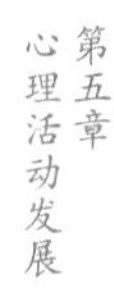

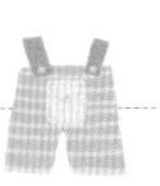

第六章 保护视力

我国近视问题已日趋严重。据北京大学中国健康发展研究中心《国民健康视觉报告》数据显示，目前我国近视患者人数达 6 亿，几乎占到中国总人口数量的 50%。其中，中小学近视人数超过 1 亿，我国青少年近视率居世界第一。

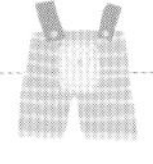

保护眼睛“三要”“三不要”

一、保护眼睛“三要”

1. 要注意用眼卫生

无论是看书还是使用电脑的时间都不宜过长，每隔30～40分钟就应休息10～15分钟，眺望远处，多看看绿色植物，让眼睛充分放松。

2. 要坚持做“眼保健操”，多参加球类运动

眼保健操有益于眼周肌肉放松，改善眼部血液循环。保护视力，孩子应每天坚持做眼保健操。保护眼睛，专家还建议进行球类活动，如乒乓球、羽毛球等。当眼球追随目标时，睫状肌不断地放松与收缩，再加上眼外肌的协同作用，可以提高眼的血液灌注量，促进眼部新陈代谢。

3. 要多吃有益于眼睛健康的食物

动物性食物中的维生素A、植物性食物中的胡萝卜素直接参与视网膜上

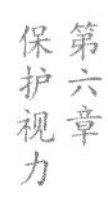

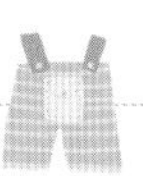

吸收光线的化学物质视紫红质的形成，是保护眼睛、维持正常视觉的重要因素。人体一旦缺乏维生素A和胡萝卜素就会出现眼干燥症和角膜软化症。同时，多吃豆制品、鱼、牛奶、青菜、大白菜、空心菜、西红柿及新鲜水果等也有助于给眼睛提供充足的营养。

二、保护眼睛“三不要”

1. 不要在光线昏暗的地方看书

不要让孩子躺在床上看书。尤其是晚上睡觉前，卧室光线较暗，光源也不适于阅读，时间长会对孩子的眼睛造成损伤。躺着看书会导致孩子斜视，加重眼睛负担。

2. 不要擅自使用眼药水

眼药水不可以擅自使用，乱用眼药水极易对眼睛造成伤害。未遵医嘱而长期使用眼药水可能造成眼压升高、视神经萎缩最终导致青光眼，使视力受损甚至致盲，这种损害一旦产生，任何手术与药物都无法挽救。

3. 不要使用劣质太阳镜

劣质太阳镜不但阻挡紫外线的性能差，涂膜容易破损使透光度严重下降，眼睛犹如在暗光环境下看物体，此时瞳孔会变大，残余的紫外线反而会大量射入眼睛内，使眼睛受损。此外，镜片表面不符合标准会使视觉中物体变形扭曲，令眼球酸胀，导致视觉疲劳，对眼睛造成更大伤害。

吃什么对眼睛好?

1. 补充维生素 A

维生素A也称视黄醇，在人体视觉的形成中发挥着重要作用。它参与视网膜内视紫红质的合成，如果维生素A不足，眼睛对黑暗环境的适应能力就会减退，严重时可能导致夜盲症。动物肝脏、鱼肝油、鱼子、全奶及全奶制品、蛋类等维生素A含量较高。胡萝卜素在人体内也可以转化为维生素A，因此被称为维生素A原。维生素A原在绿色蔬菜和黄色蔬菜、水果中，如菠菜、韭菜、豌豆苗、苜蓿、青椒、红薯、胡萝卜、南瓜、杏、芒果中含量较多。

2. 多吃含钙丰富的饮食

钙是眼部组织的“保护器”。钙缺乏不仅会造成眼睛视网膜的弹力减退、晶状体内压力上升、眼球前后径拉长，还可使角膜、睫状肌发生病变，易造成视力减退或近视。乳类、豆类、菌类、干果类及海产品类食物中含丰富的钙，与维生素D搭配食用，有利于钙的吸收。

3. 补充微量元素

微量元素硒、锌、铬可改善眼部组织功能，防止视力减退。富含硒的食物有动物肝脏、蛋、鱼、贝类、大豆、蘑菇、芦笋、荠菜、胡萝卜等；富含锌的

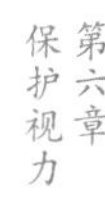
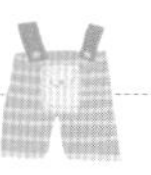

食物有海产品、乳类、谷类、豆类、硬果类等；含铬较多的食物有牛肉、黑胡椒、糙米、玉米、小米、粗面粉、红糖、葡萄汁、食用菌类等。

4. 多吃富含维生素 C 的食品

维生素C可减弱光线对眼睛晶状体的损害，从而延缓白内障的发生。富含维生素C的食物有西红柿、柠檬、猕猴桃、山楂等。

第七章
新生儿常见疾病

新生儿身体娇弱，容易生病，爸爸妈妈了解新生儿常见疾病知识，在宝宝患病时能够从容应对。

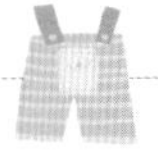

新生儿黄疸

宝宝出现黄疸是体内一种称之为胆红素的物质导致的，新生儿期胆红素的代谢不同于成人所以容易引起黄疸。

新生儿黄疸是宝宝新生儿期最常见的疾病之一，黄疸严重时可引起胆红素脑病，造成神经系统的永久性损害，甚至导致死亡。因此，医生和家长都应特别关注新生儿黄疸。

一、新生儿黄疸的分类

黄疸分为生理性黄疸、病理性黄疸和母乳性黄疸，而生理性黄疸属于排除性的诊断，也就是说要排外宝宝是由于病理原因引起的黄疸才能诊断为生理性的黄疸。而病理性黄疸的特点包括：①出生后24小时内出现黄疸；②血清总胆红素值已达到相应日龄及相应危险因素下的光疗干预标准，或血清胆红素值每日上升幅度>5mg/dL，或每小时上升幅度>0.5mg/dL；③黄疸持续时间长（足月儿黄疸持续时间>2周，早产儿黄疸持续时间>4周）；④黄疸退而复现；⑤血清结合胆红素>2mg/dL。具备其中任一项者即可诊断为病理性黄疸。

母乳性黄疸的诊断与临床特点目前尚缺乏特异性实验室检查方法，所以我们要诊断母乳性黄疸需要排除溶血性、感染性、免疫性等因素导致的各种病理性黄疸，才能考虑母乳性黄疸的诊断。而母乳性黄疸又可以细分为早发

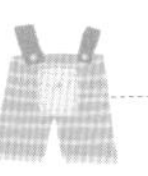

型和晚发型。

早发型黄疸又称为母乳喂养性黄疸（BFJ），这一类黄疸一般发生在出生后3～4天，并于5～7天达到高峰，其出现时间和高峰时间与新生儿生理性黄疸相似，但胆红素数值高于后者且黄疸持续时间长。而其原因是母乳喂养不当，包括喂哺次数、喂哺量、新生儿是否有效吸吮等原因导致母乳摄入不足，引起胆红素的肠肝循环增加，使血清胆红素水平升高。因此，早发型BFJ实际上是一种饥饿性或部分饥饿性黄疸。一旦喂奶量充足，宝宝吃奶好就不会出现这种类型的黄疸。

晚发型黄疸才是真正的母乳性黄疸（BMJ），晚发型BMJ出现时间较晚，一般在出生后6～8天出现，黄疸高峰时间为出生后2～3周，血清总胆红素（STB）水平可达342～427.5μmol/L，之后逐渐下降，若继续喂养，黄疸可历时3～12周消退；若终止喂养，则STB可在24～72小时内明显下降，恢复母乳喂养后，黄疸可再次回升，但升高幅度小于42.7μmol/L。其发生机制与母亲乳汁中的特殊的激素代谢产物和不同阶段母乳成分不同有关，这些不同成分影响了宝宝体内胆红素的代谢过程。

<table>
<tr><th colspan="2"></th><th>宝宝的情况</th><th>出现时间</th><th>消退时间</th><th>表现</th></tr>
<tr><td rowspan="2">生理性黄疸</td><td>足月儿</td><td rowspan="2">精神好，不哭闹</td><td>出生后2～3天</td><td>5～7天</td><td rowspan="2">全身皮肤、黏膜、巩膜黄染</td></tr>
<tr><td>早产儿</td><td>出生后3～5天</td><td>7～9天</td></tr>
<tr><td rowspan="2">病理性黄疸</td><td>足月儿</td><td rowspan="2">精神不好，爱哭闹</td><td rowspan="2">出生后24小时内</td><td>＞2周</td><td rowspan="2">全身皮肤、手心、足心呈现橘黄色</td></tr>
<tr><td>早产儿</td><td>＞4周</td></tr>
<tr><td rowspan="2">母乳性黄疸</td><td>早发型黄疸</td><td rowspan="2">精神可，黄疸持续时间长</td><td>出生后，3～4天</td><td rowspan="2">若继续母乳喂养，黄疸3～12周消退；若终止母乳喂养，黄疸在72小时后明显消退</td><td rowspan="2">黄疸程度以轻、中度为主，肝功能正常，无贫血</td></tr>
<tr><td>晚发型黄疸</td><td>出生后，6～8天</td></tr>
</table>

二、应对方法

对于患生理性黄疸的宝宝，护理重点在于保证喂养，加强妈妈的产后护理及喂养指导，帮助妈妈早开奶、保证母乳喂养量，这决定着新生儿黄疸的发生率及严重程度，同时要促进宝宝肠蠕动，加快胎便排出。

而病理性黄疸的患儿则需要根据不同的病因进行有针对性的治疗。爸爸妈妈们应及时带宝宝前往医院就诊，听从医生的指导，让宝宝尽早接受治疗。

课堂笔记

当检测宝宝的黄疸值在安全范围内不需要住院治疗时，爸爸妈妈在家中可以通过下面几个方法加快宝宝的黄疸消退。

第一，进行早期日光照射。由于阳光中的蓝光能促进新生儿体内胆红素的代谢，故而出生后早期的阳光照射有助于促进胆红素经尿、胆汁排泄，促进黄疸的消退。

第二，抚触。爸爸妈妈对于出生4小时之后的新生儿即可以开始进行全身抚触，每次约15分钟，每天1～2次。抚触过程中可稍延长腹部抚触时间，以便加快新生儿的肠蠕动，从而增加新生儿的排便次数，减少便秘的发生，有利于胎便转黄。同时，抚触疗法能对新生儿的体表神经产生刺激，可使新生儿脊髓的排便中枢产生兴奋，利于排出胎便，使胆红素的重新吸收减少从而使血清胆红素的水平降低。

新生儿脐炎

新生儿脐炎的发生主要是因为剪断脐带时或出生后处理不当，脐带的残端被细菌侵入引起脐炎。

一、表　现

新生儿脐炎分为轻型、重型和慢性脐炎。

病情	皮肤状况	分泌物情况	伴随症状
轻症	脐周红肿	少量的浆液性分泌物	发热、吃奶差、精神不好、烦躁不安
重症	脐周红肿发硬	脓性分泌物较多，伴有臭味	
慢性	脐部一个小的樱红色肿物	脓性分泌物	

二、应对方法

宝宝发生脐炎时，轻症者可以用碘伏或者75%的乙醇清洗，每日2～3次，消毒时从脐带的根部由内向外环形彻底消毒，消毒后保持脐部的清洁干燥。消毒脐部时，家长应先洗手，严格无菌操作，同时注意婴儿的腹部保暖。平时给宝宝洗澡时要注意擦净脐窝里残留的水渍，选用吸水性、透气性良好的尿布或尿不湿，避免大小便的污染。情况严重时，要及时就医并遵医嘱进行抗感染治疗。

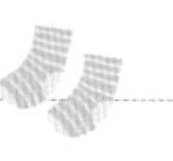

新生儿寒冷损伤综合征

新生儿寒冷损伤综合征也叫新生儿硬肿症，多由受寒引起，由于新生儿体温调节中枢发育不成熟，产热不足，所以处于寒冷环境或保暖不当的新生儿容易发生新生儿硬肿症。

一、表　现

新生儿寒冷损伤综合征多在春冬寒冷季节发病，易发生于出生后3日内，一般表现为吃奶差、拒乳、哭声弱、体温降低，宝宝皮肤硬肿的发生顺序一般从小腿到大腿外侧，再到整个下肢和臀部，最后扩散到面颊、上肢和全身。

二、应对方法

新生儿发生寒冷损伤综合征时应即刻就医，切勿耽搁，并且在就医途中注意为患儿保暖。

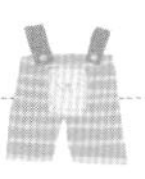

新生儿坏死性小肠结肠炎

新生儿坏死性小肠结肠炎近年来发病率有所升高，病情严重且常常威胁患儿生命安全。该病常于宝宝出生后两周内发病，且多发生于人工喂养的早产儿。

一、表　现

患儿一般表现为拒食、腹胀、呕吐、便血。发病时腹胀明显，大便为果酱样或柏油样，面色苍白、四肢发凉、呼吸不规律、体温不升时提示病情严重。

二、应对方法

此病严重威胁新生儿的生命安全，出现相关症状时应及时就医，切勿耽搁。

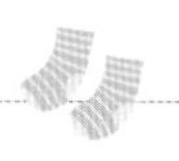
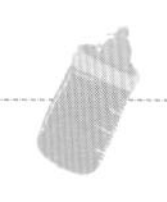

生理性胃食管反流

胃食管反流病分为生理性和病理性两种，生理性主要是由于婴儿食管下端括约肌发育不完善，导致胃内容物反流入食管，又称“溢乳”。

一、表　现

婴儿过急过快食用乳汁，或食用乳汁过多后最易发生溢乳。一般在平卧位时哺乳或哺乳后立即让婴儿平卧易导致溢乳。

二、应对方法

给婴幼儿喂奶后应将床头抬高，如此有利于胃排空，减少反流和误吸，或者把婴儿抱起轻拍背部10～20分钟，再将婴儿放平休息。妈妈给婴幼儿母乳喂养或使用配方乳人工喂养时，都应调整好婴儿食用乳汁的量，不宜过饱。

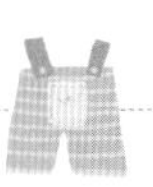

湿　疹

湿疹是婴幼儿常见的皮肤病之一，中医学上称之为“奶癣”，是由多种内外因素引起的累及浅层真皮和表皮的过敏性炎症性皮肤病。我们常说的婴儿湿疹是指2岁之内出现在婴幼儿头面等部位的湿疹。其发病机制目前还没有完全弄清楚，可能与婴幼儿皮肤及黏膜屏障功能发育不成熟，容易受各种理化刺激及过敏原影响有关。

一、表　现

婴儿湿疹好发于头面部、颈部，少数严重的发展至躯干、四肢甚至全身皮肤。典型的皮疹表现为对称性分布的红斑、丘疹、丘疱疹或水疱等，皮疹形态多样，边界欠清，伴有明显瘙痒感。婴幼儿不自觉搔抓后，皮疹可形成糜烂面或者水疱破裂结痂，容易继发感染。而发生于头皮等部位的湿疹表现为附着于发根的黄色小痂皮。婴儿湿疹为慢性病程，容易反复发作。轻度湿疹影响婴幼儿的饮食、睡眠，严重的湿疹可影响婴幼儿的生长发育。未经规范治疗的湿疹反复发作，迁延不愈，可增加婴幼儿日后患过敏性疾病，如过敏性鼻炎、哮喘等的风险。

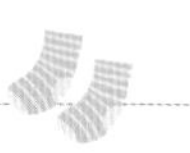

二、预防与应对方法

湿疹的预防和治疗重点在于日常的皮肤清洁和保湿。家长在为孩子选择清洁和保湿产品时建议选择低敏的医用级护肤品，日常为宝宝洗澡时水温不宜超过40℃，可适当使用低敏的沐浴液，洗澡时间不宜太长，洗完澡立即用手巾吸干体表水分并全身涂抹润肤剂，夏季可选用质地清爽的乳液，冬季选择保湿效果较好的霜剂，秋冬季节可增加保湿剂的使用次数。室内可使用加湿器使湿度保持在50%左右。

专家点拨

家长平时为婴幼儿选择衣物时要选择全棉、柔软、宽松的衣服，避免丝质、毛织的衣物。

湿疹宝宝家中尽量不养花草、宠物等，避免接触花粉、螨虫、动物毛屑等致敏源。

对于日常护理难以好转的湿疹患儿，应及时就医，必要时在医生的指导下使用激素类药膏或口服抗过敏药物。

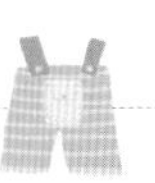

痱子

婴幼儿痱子的发生与温度、湿度较高有关。在夏季高温、潮湿的环境中，婴幼儿穿着过多或室内空气流通较差，导致皮肤出汗过多，汗液排泄不通畅，潴留在汗腺导管内，堵塞导管，使汗腺导管内压力过高而破裂，汗液外泄刺激周围组织引起的汗腺周围炎，常表现为密集分布的小丘疹或小水疱，俗称为“痱子”。

一、表　现

婴幼儿的痱子多发生在面部、颈部、大腿内侧及肘窝等部位，根据痱子的皮疹特点可分为白痱、红痱、脓痱和深痱四种类型。其中，红痱、脓痱和深痱较容易继发感染。痱子初起时局部皮肤发红，然后出现粟粟大小的红色丘疹或丘疱疹，成片密集分布，有的痱子顶端形成小脓包称为脓痱，严重反复发作的红痱可能在真皮层发生深痱。痱子形成后，局部皮肤可出现明显的瘙痒、灼痛感。

二、预防与应对方法

炎热的夏季，应注意保持适宜的室内环境温度和湿度，勤给孩子洗澡，

保持皮肤的干燥、清洁，避免使用爽身粉。给婴幼儿选择衣物时尽量选择轻薄、透气性好的棉质衣物。天气较热时尽量避免在烈日下玩耍。

已发生痱子的婴幼儿可以通过勤洗澡、保持皮肤清洁干燥，调节环境温度、湿度等方法来使痱子消退。瘙痒明显者可局部外用炉甘石洗剂。

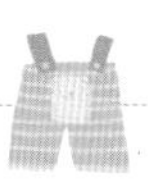

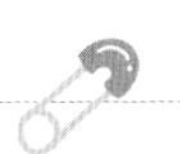

尿布疹

尿布疹又称“尿布皮炎”，在尿布或纸尿裤造成的湿热环境中，大便中的产氨细菌分解尿液产生氨类物质刺激皮肤，加之尿液长期浸渍都会导致尿布疹。清洗不当、腹泻、局部温度过高等因素也会诱发尿布疹。

一、表　现

尿布疹表现为婴儿外阴或臀部等包裹尿布处皮肤出现红斑、丘疹或水疱，经尿布摩擦后皮疹破溃，可形成糜烂面，有渗出倾向，严重时可累及下腹部或大腿部位皮肤。

二、预防与应对方法

勤洗澡，保持局部皮肤清洁、干爽；勤换尿布，大小便后立即更换尿布或纸尿裤并外用润滑剂，如护臀霜，但不建议使用爽身粉；每次大便后都应用温水清洁臀部，并用干净的棉布吸干水分。

专家点拨

当发生尿布疹时，最好在患儿臀部涂抹40%的氧化锌油膏，发挥收敛、止血、防止细菌感染的作用。尿布疹合并感染时可另外加用抗生素药膏，如莫匹罗星软膏。如果使用一次性纸尿裤，建议选择正规厂家生产的质地柔软、透气性强、渗透能力较好的纸尿裤。如果使用传统尿布，建议选择柔软、吸水性强的棉布，同时注意勤换尿布。尿布清洗干净后应严格消毒。

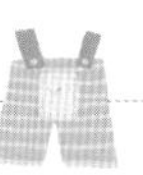

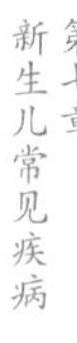

发育性髋关节发育不良

发育性髋关节发育不良是由于髋臼发育不良所致，如髋臼窝浅而平或韧带松弛引起股骨头不能正常落到髋臼窝里，髋臼窝和股骨头失去正常的包容关系，呈髋关节发育不良、半脱位或者全脱位。

一、表　现

出现髋关节脱位后，若未及时诊治，患儿行走时可出现跛行步态，脊柱侧弯，腰骶部疼痛，严重影响患儿的生长发育及形体美观。

二、应对方法

发育性髋关节发育不良目前公认的治疗原则是早发现、早治疗。治疗越早，方法越简单，效果越好。

最新相关指南提出，应对所有婴幼儿进行发育性髋关节发育不良的临床筛查，出生后4～6周为关键期，不要晚于4～6周才进行检查。对临床体格检查呈阳性或存在髋关节发育不良的高危因素（臀位生产史、家族史阳性）的选择进行超声检查。

对于6个月以内的婴儿，髋关节B超检查是排除发育性髋关节发育不良的

首选方法；大于6个月的婴儿，临床体格检查可疑者，需要通过髋关节X线检查排外发育性髋关节发育不良。

当家长发现孩子有以下表现时应及时就医以排外发育性髋关节发育不良：

- □ 双腿内侧的腿纹不对称或臀纹不对称。
- □ 两侧臀部大小不一。
- □ 双腿不等长或站立时一侧足尖着地。
- □ 行走时摇摆或跛行。

课堂笔记

如有发育性髋关节发育不良家族史，母亲怀孕时胎位不正、羊水过少等情况，婴幼儿发生发育性髋关节发育不良的风险较高，应定期到医院随访体检，必要时行髋关节 B 超检查。

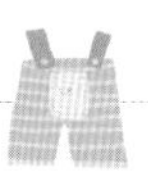

第八章
营养障碍性疾病

儿童处于生长发育的重要阶段，保证均衡营养，预防营养障碍性疾病至关重要。

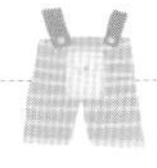

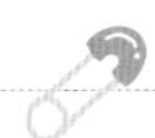

营养不良

营养不良是由多种原因引起的，能量和蛋白质摄入不足导致的，营养缺乏性疾病，3岁以下的婴幼儿多见。

一、表　现

营养不良早期可表现为体重不增或体重下降、生长迟缓、消瘦、皮下脂肪减少。皮下脂肪减少部位的顺序依次为腹部—躯干—臀部—四肢—面颊。营养不良患儿的皮肤干燥苍白，弹性减少，严重时肌肉可出现萎缩。

二、应对方法

首要措施就是调整饮食，改善营养。增加蛋白质和脂肪的摄入量，但增加饮食时不宜过快过多，应循序渐进，遵循由少到多、由稀到稠的原则，逐渐增加饮食量，防止突然增加饮食量引起消化不良、腹泻等。

未断奶的患儿尽量保证母乳喂养，已断奶的患儿可增加配方奶的摄入量，多吃乳制品，同时给予患儿肉末、蛋类、鱼肉等高蛋白食物。食物应保持色香味俱全，增加患儿的食欲，若患儿食欲不振，可口服B族维生素、锌制剂或消化酶，以增加食欲。

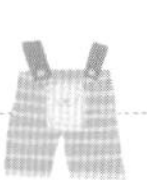

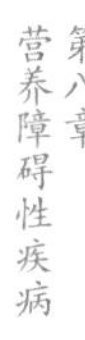

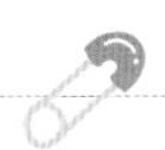

专家点拨——1 ~ 2 岁幼儿喂养指导

• 每日总奶量 450 ~ 500mL。

• 每日进食：主食（米、面）50 ~ 100g，肉类（鱼肉、虾、猪肉、鸡肉等）50 ~ 75g，蔬菜 100 ~ 200g，豆制品 25 ~ 50g，水果 50g，鸡蛋 1 个。

• 常更换食物种类及口味，以刺激食欲。讲究粗细搭配，荤素搭配，以保持营养均衡。

• 固定进餐时间地点：在安静、愉快的状态下进食，不能边玩边吃或边跑边吃。学习用勺、筷吃饭，鼓励孩子自己进食，重视培养良好的进食习惯。

• 在医生指导下补充维生素 D。

单纯性肥胖

单纯性肥胖主要由以下原因造成：能量摄入过多、活动量过少和遗传因素。其中，能量摄入过多是主要原因。

一、表　现

喜食油腻、油炸食物、甜食和高脂肪食物的孩子易出现肥胖症状。患儿一般表现为皮下脂肪丰满，面颊、四肢多饱满，严重时可在大腿皮肤处出现多条平行条索状皮纹，女性患儿的胸部脂肪堆积，乳房增大，男性患儿的阴茎常隐匿在阴阜脂肪垫中，不易看出。

二、肥胖程度

超重：体重超过同性别、同身高的参照人群均值的10%～19%。

轻度肥胖：体重超过同性别、同身高的参照人群均值的20%～29%。

中度肥胖：体重超过同性别、同身高的参照人群均值的30%～49%。

重度肥胖：体重超过同性别、同身高的参照人群均值的50%。

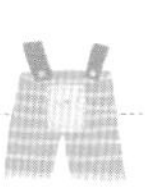

三、应对方法

肥胖患儿最主要的改善措施就是控制饮食、加大运动量。鼓励患儿均衡饮食，多吃蔬菜和水果，养成良好的饮食习惯，细嚼慢咽，不吃宵夜；增加患儿的活动量时可选择有氧运动如游泳、慢跑、跳绳等，不宜突然大量增加患儿身体不能承受的运动量，尽量坚持每日运动30分钟以上，循序渐进，逐渐增加运动时长。严重肥胖时可配合药物治疗。患儿肥胖时心理多自卑、孤独、胆怯，需要家长多陪伴关心，及时进行心理疏导，鼓励患儿多参加集体运动，帮助患儿建立健康的生活方式。

维生素D缺乏性佝偻病

维生素D缺乏性佝偻病是儿童体内维生素D不足引起的全身慢性营养性疾病。多发生于2岁以下的婴幼儿。由于地理环境因素和气候因素等影响，我国北方的发病率高于南方。

一、表　现

该病主要分为四期：初期、活动期、恢复期、后遗症期。

• 初期：患儿常表现为烦躁不安、夜惊、易激惹、多汗，常出现病理性颅骨软化。

• 激期（活动期）：此阶段，孩子头部、胸部、四肢、脊柱和骨盆都有不同的表现。

• 恢复期：日光照射等治疗后病情逐渐恢复，临床症状逐渐消失。

• 后遗症期：严重的佝偻病会残留不同程度的运动功能障碍，以及骨骼畸形。

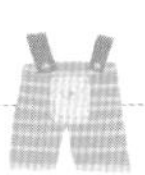

	维生素D缺乏的表现				
	头部	胸部	四肢	脊柱	骨盆
骨骼	1. 出生后3～6个月，婴儿颅骨软化，按压有乒乓球感，称“乒乓头” 2. 出生后7～8个月，头呈方盒样，称“方颅” 3. 患儿前囟延迟闭合、出牙迟	1. 多见于1岁左右婴儿，肋骨与肋软骨交界处骨组织膨大，呈“串珠样” 2. 肋骨与胸骨连接处软化前凸，呈“鸡胸样” 3. 胸骨剑突部向内凹陷，呈“漏斗胸”	1. 6个月以上患儿出现佝偻病 2. 1岁左右患儿出现膝内翻“O形腿”、膝外翻“X形腿”	后凸、侧凸畸形	扁平骨盆
运动功能	坐、立、行发育迟缓，全身肌肉松弛，腹部膨隆称“蛙腹”				
神经发育	语言发育迟缓，表情淡漠				

二、应对方法

一般建议就医诊断后，遵医嘱补充维生素D或应用其他药物治疗。

1. 增加户外活动

一般保证每天1～2个小时的户外活动，夏天温度过高时尽量在阴凉处活动，避免暴晒皮肤。需要注意的是，6个月以下的婴儿，应避免阳光的直晒以免损伤皮肤。

2. 补充维生素 D

给予富含维生素D的食物，活动期口服维生素D 2000～4000IU/d，连续服用1个月后改为400～800IU/d，同时应注意维生素D过量的中毒表现：厌食、恶心、烦躁不安、体重下降、顽固性便秘。一旦发生维生素D过量中毒，应立

即停用并及时就医。在不同地区，不同季节，应遵医嘱适当地调整维生素D的剂量。

3. 矫正胸廓和腿部畸形

多做俯卧抬头展胸运动，下肢畸形者进行肌肉按摩，严重者行外科手术矫正。

缺铁性贫血

缺铁性贫血以6个月至2岁的孩子发病率最高。铁缺乏是一个全球性健康问题，全球大约有1/3的人口都存在缺铁的问题，特别是6个月以后的婴儿，如果仅仅是母乳喂养的话，将会导致铁的缺乏。婴幼儿严重缺铁会导致神经发育、行为发育、学习能力，以及认知、免疫功能等出现异常。

一、表　现

贫血的临床表现与贫血的病因、程度及孩子生长速度等有关，一般表现为皮肤黏膜苍白、甲床苍白、疲乏无力、面色苍白、生长发育迟缓、注意力不集中、毛发干枯、烦躁不安、呼吸和心率与脉搏上升、动脉压上升、毛细血管搏动征、恶心、呕吐、食欲下降、腹胀、便秘等。

二、应对方法

纠正缺铁性贫血多采用饮食疗法。婴儿早期虽提倡母乳喂养，但婴儿满6个月即应逐渐添加辅食以及含铁丰富的食物，如动物血、肝脏、瘦肉、贝类、大豆制品等。铁剂治疗时常给予口服铁剂，一般使用二价铁盐制剂，常用有硫酸亚铁、富马酸亚铁、琥珀酸亚铁等。口服铁剂应在两餐之间，维生

素C、果糖等可促进铁的吸收，可与铁同服。茶、咖啡、牛奶、蛋类等会抑制铁的吸收，避免与铁同服。

家长要及时观察孩子口服铁剂的不良反应，如恶心、呕吐、腹胀、便秘、胃部不适等。服用铁剂后，大便会出现柏油样变化或变黑，这是正常现象，不用担心，停药后即可恢复。

第九章
呼吸系统常见问题

在儿科门诊，80%的患儿因呼吸系统疾病就诊。爸爸妈妈了解儿童呼吸系统常见疾病症状，守护孩子呼吸系统健康。

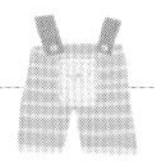

急性上呼吸道感染

急性上呼吸道感染简称“上感”，俗称感冒。该病一年四季都可发生，主要传播途径为空气飞沫传播。过敏体质、营养不良、缺少锻炼的孩子容易患此病。

一、表　现

急性呼吸道感染的主要表现为鼻塞、流涕、打喷嚏、干咳、流泪、咽痛等，也可出现扁桃体肿大、充血，颌下淋巴结肿大、触痛，重症者伴有高热、呕吐、腹泻，甚至出现高热惊厥。

二、应对方法

上呼吸道感染为自限性疾病，无须特殊治疗，一般经休息、改善营养、多饮水、呼吸道隔离，患儿1周左右能自愈。

如果孩子出现发热，38.5℃以下行物理降温，超过38.5℃时应给予药物降温。发热时每4小时测1次体温，物理降温后半小时测1次体温。

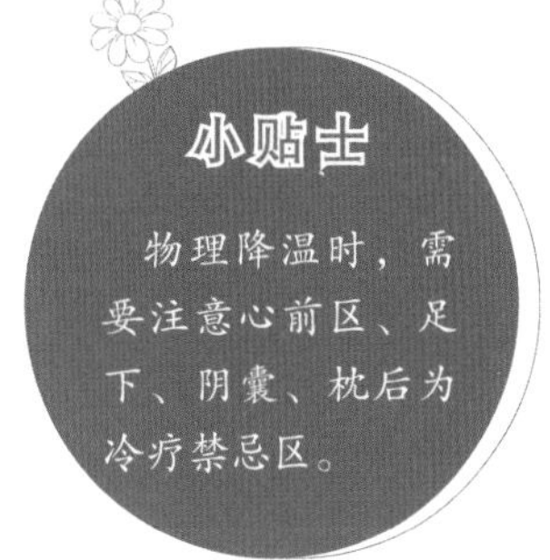

生病期间应给予孩子富含营养且易消化的饮食，注意少食多餐。给患儿哺乳时应取头高位或抱起喂，防止呛咳。

孩子应加强体格锻炼，增强体质。天气骤变时注意增减衣物，避免着凉。感冒高发的时期避免带孩子去人多拥挤、空气不流通的公共场所。

肺　炎

肺炎是威胁婴幼儿健康的严重疾病。肺炎主要是由于各种病原微生物感染（如细菌、病毒、支原体、真菌）或其他非感染因素（吸入、过敏等）引起的肺组织炎症。发生肺炎时，肺组织内的炎性渗出会影响肺的通气和换气功能，导致低氧血症，导致全身各组织器官功能障碍和水电解质平衡紊乱。

一、表　现

肺炎的主要表现为发热、咳嗽、气促、肺部固定的中细湿啰音、精神不振、嗜睡、烦躁不安、食欲缺乏、呕吐、腹泻、呼吸增快。

二、预防措施

第一，在感冒高发的季节，尽量少带孩子到人口密集的公共场所，避免交叉感染。家庭成员患呼吸道疾病时应注意与孩子隔离，居室内早晚通风换气。

第二，家长要随气温变化及时给孩子增减衣物，夜间睡眠时注意保暖，必要时可使用婴幼儿睡袋。

第三，保持室内空气清新。秋冬季节气候干燥，可用加湿器保持室内湿度在50%左右。

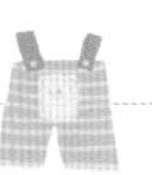

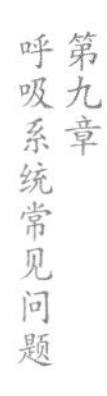

第四，秋冬季节注意给孩子多喝温水，保持呼吸道黏膜湿润有利于预防上呼吸道感染。

第五，多带孩子接触大自然，“空气浴”与“日光浴”可以提高机体的抵抗力。

第六，喂养时应尽量避免呛奶、溢奶及呕吐，防止奶液及食物的误吸引起吸入性肺炎。

第七，及时接种肺炎疫苗可有效预防多种血清型肺炎链球菌感染引起的肺炎。

三、应对方法

当孩子出现肺炎的临床表现时，应及时就医。

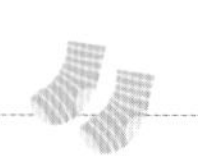

鼻痂

一、鼻痂是怎么来的?

鼻腔黏膜会分泌黏液用以润滑及保护鼻子内部，当分泌物变干燥时，就成为鼻痂，此时若吸入不干净的空气（如含有汽车尾气、灰尘等的空气），则鼻痂的颜色会呈现深色。

二、鼻痂影响孩子呼吸怎么办?

在孩子入睡后可以用棉签蘸取少量凡士林涂抹于宝宝鼻腔的前端，以保持鼻腔湿润，同时可使鼻分泌物不会黏在鼻前庭形成鼻痂。不建议向孩子鼻孔内滴母乳，因为母乳会促进细菌的繁殖。另外，吸鼻器主要用于吸出孩子鼻腔内的鼻涕，不适用于鼻痂处理。

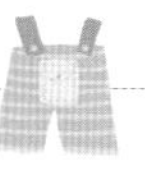

第十章
消化系统常见问题

儿童消化系统发育还未完全，功能尚不完善，容易出现消化道功能紊乱。

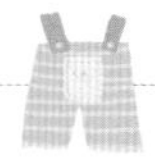

鹅口疮

鹅口疮是由于白色念珠菌感染引起的口腔黏膜炎，主要表现为口腔黏膜上出现白色凝乳块样物，常见于颊黏膜或者上、下唇内侧等处。外观类似“奶块”，但不易剥离，用棉签强行剥离后，可见潮红的创面甚至出血。鹅口疮一般不影响婴幼儿吃奶，多见于营养不良，长期使用抗生素、激素或免疫抑制剂的婴幼儿。部分新生儿的鹅口疮因分娩时经产道感染所致。

一、预　防

家长应注意个人卫生，母亲的哺乳内衣应勤换洗、消毒。对于人工喂养的宝宝，每次使用过的奶瓶均应及时清洗、消毒。另外，避免长期给婴幼儿使用抗生素及糖皮质激素，以免造成肠道菌群失调诱发真菌感染。

二、应对方法

保持口腔清洁至关重要，可用碳酸氢钠片配制成2%的碳酸氢钠溶液，在每次喂奶前、后清洁宝宝口腔。效果欠佳者，可加用制霉菌素片配制成制霉

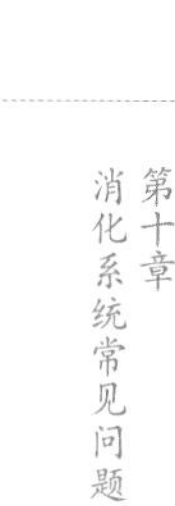

菌素溶液（10万～20万IU/mL）涂抹于口腔，每日3次或遵医嘱口服制霉菌素片，同时服用维生素B_2和维生素C。必要时口服肠道微生态制剂改善菌群失调。患儿的奶瓶、奶嘴使用后应煮沸消毒、晾干。母亲注意保持乳头清洁。

疱疹性口炎

一、表　现

疱疹性口炎起病时伴发热，疱疹常见于口唇、齿龈、舌、颊黏膜处。疼痛明显的患儿可表现为烦躁、拒食、颌下淋巴结肿大。

二、应对方法

家长要注意保持孩子的口腔清洁，避免食用刺激性食物，多饮水。局部可用碘苷、西瓜霜等抑制病毒，防止继发感染可以用2.5%～5%的金霉素鱼肝油局部涂抹。

疱疹性咽峡炎

疱疹性咽峡炎起病较急，是一种由柯萨奇A组病毒感染引起的特殊类型上呼吸道感染。该组病毒属于肠道病毒，主要通过粪—口途径传播。

一、表　现

患儿咽部出现2～4mm的疱疹，疱疹破溃后可形成小溃疡，可伴有高热、咽痛、流涎、厌食、呕吐等症状。

二、预防措施

第一，疱疹性咽峡炎的高发季节尽量不带孩子到人群聚集的场所玩耍。

第二，帮助孩子养成良好的卫生习惯，餐前、便后或外出玩耍回来时要用洗手液或肥皂洗手。不用污染的毛巾擦手，以避免交叉感染。家长在给孩子更换尿布和处理大便后都应用肥皂和清水洗手。

第三，注意室内清洁和通风。尽量多开窗，保持室内空气清新。

第四，加强消毒，孩子的日常生活用具，如床单、被套、奶瓶、玩具等，家长应定期进行消毒，以有效杀死细菌和病毒。

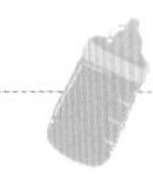

溃疡性口炎

溃疡性口炎多见于婴幼儿，主要由链球菌、金黄色葡萄球菌感染引起，溃疡常见于唇内、舌等处。

一、表　现

溃疡性口炎表现为口腔黏膜充血水肿，可出现糜烂、溃疡，溃疡面上出现灰白色或黄色的假膜，易擦去。患儿口腔疼痛、流涎、精神烦躁，由于口腔疼痛常拒绝饮食。

二、应对措施

家长可鼓励患儿多饮水，进食后漱口，涂药后闭口10分钟且不可立即漱口、饮水或进食。患儿口腔疼痛时宜给温凉流质或半流质、富含维生素的饮食，避免摄入辛辣刺激、过硬的食物，以防引起口腔黏膜糜烂溃疡而导致疼痛加重。家长还应教导患儿养成良好的卫生习惯。患儿用过的餐具应当用热水煮沸消毒。

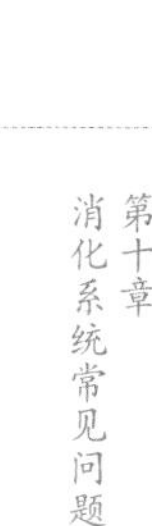

婴幼儿腹泻

婴幼儿腹泻为发展中国家5岁以下儿童死亡的首位病因。婴儿腹泻的病因多种多样，通常由于消化系统发育不成熟、机体防御能力差、肠道感染、喂养不当等引起。腹泻可分为感染性腹泻和非感染性腹泻，感染性腹泻一般是病原微生物经口传播进入消化道所引起；而非感染性腹泻主要由于饮食不当所造成，一般是因为食物的量和性状突然改变所致。

一、表　现

病程在2周以内为急性腹泻，在2周至2个月之间为迁延性腹泻，病程超过2个月为慢性腹泻。腹泻的类型不同，对应的临床表现也有差异。

		一般情况	胃肠道症状	大便性状	其他症状
急性腹泻	轻型	多由饮食因素、肠道外感染引起	溢乳、呕吐、食欲缺乏、大便次数增多（每日10次以内）	量不大，稀薄带水，黄色/黄绿色，有酸味，白色泡沫	无脱水及全身中毒症状，数日内痊愈
	重型	多由肠道内感染引起	呕吐、腹胀、腹痛、食欲差，每日大便可达数十次	量大，水分多，可有少量黏液或血便，呈黄绿色水样或蛋花汤样	脱水、低钾血症、低钙血症、低镁血症、代谢性酸中毒

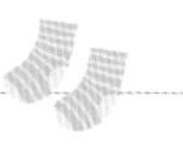

续表

	一般情况	胃肠道症状	大便性状	其他症状
轮状病毒肠炎性腹泻	秋冬季发病，又称“秋季腹泻”，6个月至2岁婴幼儿多发	先呕吐后腹泻	大便“三多”：次数多、量多、水多 呈黄色 / 淡黄色、水样 / 蛋花汤样、无腥臭味	常伴发热和上呼吸道感染症状、无明显全身中毒表现、并发脱水、酸中毒及电解质紊乱等情况，自然病程 3 ~ 8 天
迁延性和慢性腹泻	与营养不良、急性期治疗不彻底有关	腹泻迁延不愈，病情反复	次数、性状不稳定	严重时可出现水、电解质紊乱，加重营养不良
生理性腹泻	多见于6个月以内婴儿	出生不久即腹泻	大便次数增多	无其他症状、食欲好、不影响生长发育

二、应对方法

发生婴幼儿腹泻时应及时就医，遵医嘱进行治疗。

1. 调整饮食

腹泻时严格地限制饮食可能会导致患儿营养不良，故应该继续喂养，但必须调整和限制饮食。母乳喂养者可继续母乳喂养，人工喂养者腹泻期间应给予流质或半流质的饮食，呕吐严重者可暂时禁食，但不能禁水，以防发生脱水。

2. 注意补充水分

严重腹泻时，患儿体内水分迅速流失，若不及时补充水分常易导致患儿脱水。脱水时，遵医嘱口服补液，若是重度脱水或者是严重腹泻的患儿，可采用静脉补液法。

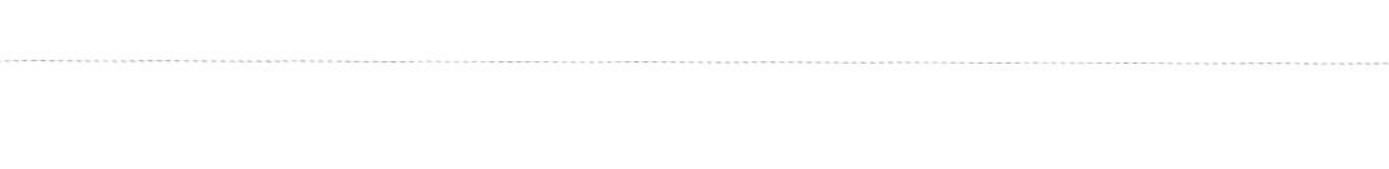

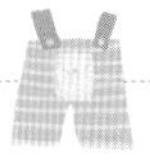

课堂笔记

脱水时孩子脸色苍白，尿量减少，脸部皮肤干燥，眼球内陷，眼泪少，嘴唇及皮肤干燥，没有精神，没有力气。家长要注意观察孩子的情况，如果出现脱水及时处理。

3. 控制感染

遵医嘱选用适宜的抗生素控制感染，若为病毒性感染，孩子使用过的衣物、尿布等均应仔细消毒处理，防止发生交叉感染。在家中，煮沸消毒是给孩子衣服清毒的最佳方式之一。

4. 防止皮肤感染

家长应该为孩子选用透气性强、吸水性好、柔软的尿布或纸尿裤，并勤于更换。腹泻后最好使用清水清洗患儿臀部，若用纸巾擦拭，不宜用力，以免损伤患儿皮肤，加重感染。女婴应该特别注意会阴部的清洁，以防感染。

5. 密切观察

密切观察患儿的生命体征及大便次数、颜色、性状、气味、量等，做好对比，判断病情是否继续发展。

三、预防方法

合理喂养婴幼儿，提倡母乳喂养，避免在夏季断奶，断奶期添加辅食的时候应循序渐进，由稀到稠、由少到多，以防婴儿胃肠不耐受引起腹泻。

特别注意饮食卫生及婴幼儿餐具的卫生，患儿的餐具应洗净后用热水煮沸消毒。同时，培养患儿良好的生活习惯，饮食后及时漱口，纠正患儿喜吮指等不良习惯，适当进行户外运动，锻炼身体，增强免疫力。

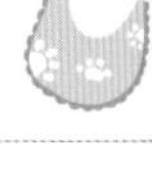

第十一章 泌尿、生殖系统常见问题

儿童泌尿系统、生殖系统问题容易被忽视，爸爸妈妈们一定不能掉以轻心哟！

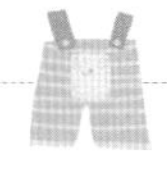

泌尿道感染

泌尿道感染是婴儿时期常见的泌尿系统疾病，女孩发病率高于男孩，常常由于宝宝使用尿不湿、尿布或穿开裆裤，导致细菌上行感染而引起，上行感染是泌尿道感染中最主要的感染途径。

一、表　现

不同年龄段的孩子泌尿道感染有不同的临床表现。

	泌尿道感染临床表现
新生儿	全身症状为主，局部排尿刺激症状不明显
婴幼儿	发热、拒食、呕吐、腹泻、排尿时哭闹不安、尿布有臭味、顽固性尿布疹
年长儿	发热、寒战、腹痛、常伴有腰痛及肾区叩击痛、尿路刺激症状明显、尿频、尿痛、尿急、尿液浑浊、肉眼血尿

二、应对方法

当泌尿感染处于急性期时，一般应让孩子卧床休息，多饮水、勤排尿。对于尿路刺激症状明显的孩子可给予解热镇痛剂缓解症状。若病情严重，应

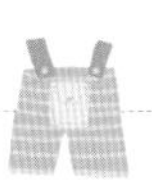

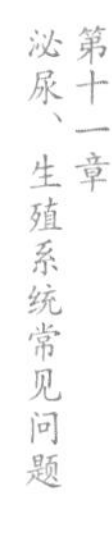

及时就医并遵医嘱进行处理。

孩子发热时给予流质或半流质、易消化、足够热量、富含蛋白质及维生素的饮食，及时监测体温变化。选用透气性好、柔软的尿不湿或尿布。尿布如需反复使用，则应采用热水煮沸消毒法消毒后洗净晾干备用。

对于有尿路感染病史的孩子，家长应注意观察其有无复发的症状。对于女宝宝，家长应注意外阴的清洁。

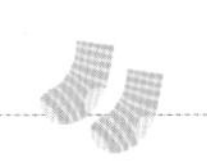

隐 睾

隐睾又称睾丸未降，是指睾丸未能按照正常的生理发育过程下降到阴囊底部。这是一种非常常见的睾丸先天性异常。平时家长要多注意观察，但如果大部分时间家长能摸到两侧睾丸的话，一般就不算隐睾；如果经常都摸不到，那就需要注意有隐睾的可能。

一、表 现

隐睾以单侧多见，右侧发病率高于左侧，主要表现为阴囊明显发育不良，左右睾丸不对称，病变侧阴囊内不能扪及睾丸。

二、应对方法

大部分宝宝满1岁后隐睾会自行下降，但是如果到了1岁隐睾还没有得到自行纠正，医生会建议采取内分泌治疗方案，再根据改善情况决定是不是要采取手术治疗。隐睾的最佳治疗时间在2岁以内，目的是使睾丸随着生长发育过程下降到睾丸底部并固定，一般先采用激素疗法，使用的激素为绒毛膜促性腺激素。激素疗法失败时则选择手术治疗，此时手术治疗是唯一有效的治疗方法。

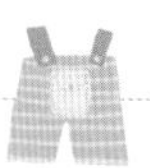

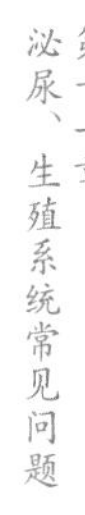

第十二章
内分泌系统常见问题

人体内分泌系统是一个复杂的系统，它负责调控人体生理机能。儿童内分泌系统疾病会威胁孩子健康，影响孩子生长发育。

生长激素缺乏症

生长激素缺乏症又称垂体性侏儒症，也称矮小症，男童发病率高于女童。

一、表　现

生长激素缺乏症患儿的体型、外貌明显小于实际年龄，囟门闭合晚，出牙晚，但智力发育正常。

二、应对方法

当孩子满1岁仍没有长牙或孩子已近1岁半但囟门仍较大、身高和体重与标准相差过大时及时就诊。目前，针对生长激素缺乏症主要采用激素替代治疗。出院后，家长应每3个月为患儿测量身高、体重，以观察疗效。

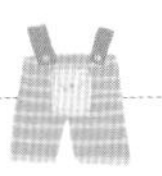

性早熟

性早熟是指女童在8岁前，男童在9岁前出现第二性征，女孩较男孩多见。

一、表　现

女孩性早熟主要表现为乳房发育，男孩则主要表现为睾丸增大等第二性征发育表现。

二、应对方法

家长应注意观察孩子生长发育情况，如发现孩子出现性早熟相关症状应及时就诊，进行病因探查。如果是肿瘤引起的激素分泌异常导致性早熟需要进行肿瘤手术摘除或化疗、放疗。若是发育过早引起的性早熟，一般采用促性腺激素释放激素类似物、性腺激素，来抑制或减慢第二性征发育。

用药时注意观察药物的不良反应，家长应避免给孩子食用含有激素的各种保健药物或油炸类食物，尽量不食用反季的水果及人工养殖的海鲜，同时关注孩子的心理健康问题，必要时提前进行性教育。

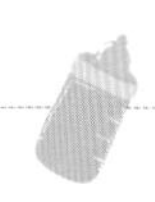

第十三章
常见传染病

做好手卫生、提高抵抗力、按时接种疫苗可以有效预防儿童常见传染病。

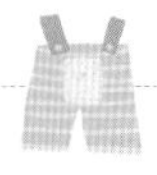

麻　疹

麻疹是由麻疹病毒引起的一种呼吸道急性传染病，患病后基本可获得终身免疫。麻疹的隔离时间通常为7～14天。

一、表　现

麻疹的病程主要分为4期：①潜伏期，一般为10天左右，在潜伏期内不出疹。②前驱期，主要表现为发热的同时出现咳嗽、打喷嚏、咽部充血、流泪、畏光等。最具有特征性的表现为出疹前1～2天出现在第二磨牙相对的颊黏膜上的麻疹黏膜斑，外观为细沙样灰白色的小点，周围有红晕，出疹后1～2天迅速消失。③出疹期，麻疹的出疹顺序为耳后—发际—额部—面部—颈部—躯干—四肢—手掌与足底。④恢复期，按照出诊的顺序开始消退，哪里先出疹哪里先消退。

二、应对方法

第一，卧床休息，直到皮疹消退。

第二，保持室内环境安静，清洁干燥，光线舒适，注意开窗通风透气，开窗3分钟即可置换室内空气。

第三，高热时禁用冷敷乙醇擦浴，因擦浴时血管收缩，反而使皮疹不易消退。

按照国家相关预防接种规定，接种麻疹疫苗可以有效预防麻疹。

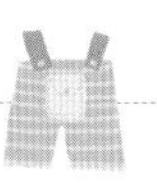

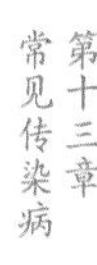

第二课 水痘

水痘是一种传染性极强的疾病，引起水痘的病毒一般为水痘—带状疱疹病毒，主要通过空气飞沫经呼吸道传播。水痘的隔离期为出疹一直到全部疱疹结痂为止。

一、表　现

水痘的皮疹呈向心性分布，通常从头面和躯干扩展到四肢，水痘皮疹最具特点的症状是同时可存在斑疹、丘疹、疱疹和结痂。

二、应对方法

第一，一般需要单独隔离患儿，保持室内空气流通。

第二，皮肤瘙痒时可以局部使用炉甘石洗剂，家长应为患儿剪短指甲，防止因皮肤瘙痒而抓破皮肤，造成大面积感染，甚至留下瘢痕。

第三，患儿所穿衣物不宜过多过厚，汗湿的衣服要及时更换，保持患儿的皮肤清洁干燥，避免交叉感染。

第四，让患儿多饮水，给患儿提供清淡、营养丰富的食物，保证机体足够的营养供给。

第五，接触患儿前后都应洗手，患儿使用过的物品应该在阳光下暴晒。

第六，患儿居家隔离时病情加重或出现并发症时应及时就医。

流行性腮腺炎

流行性腮腺炎是一种传染性极强的急性呼吸道传染病，主要由腮腺病毒引起。流行性腮腺炎的潜伏期为14～28天。发病前6天和发病后9天都具有极强的传染性。

一、表　现

特征性的表现为腮腺肿大，肿大的腮腺常从一侧发展到另一侧，患儿在进食和咀嚼时疼痛加剧。青少年男性可发生睾丸疼痛，女性可发生卵巢区疼痛。

二、应对方法

本病为自限性疾病，无须特殊治疗。

第一，鼓励患儿多饮水，保持口腔清洁。

第二，男性患儿睾丸肿痛时，可用丁字带托起阴囊，以减轻疼痛。

第三，患儿因腮腺肿痛导致进食和咀嚼时疼痛加剧，给予患儿清淡易消化的半流质或流质饮食，避免进食辛辣食物、酸性食物、刺激性强及生冷的、硬的食物，避免唾液分泌增多，使疼痛加剧。

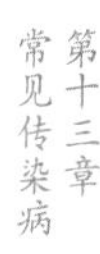
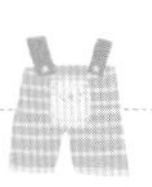

第四，患儿使用过的物品应在阳光下暴晒2小时。

第五，接触患儿前后都应洗手。

第六，腮腺炎流行期应尽量不带患儿去人多的公共场所。儿童可以按照国家预防接种相关政策，接种腮腺炎减毒活疫苗。

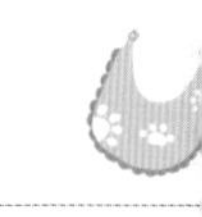

手足口病

手足口病是一种急性传染病，由肠道病毒引起，夏秋季为发病高峰期，主要通过粪—口传播，也可通过接触传播和飞沫传播。

一、表　现

手足口病潜伏期通常为2～10天，平均为3～5天，发病时手、足、口、臀部等可出现皮疹，皮疹呈离心性分布，这是手足口病最突出的表现。手足口病的皮疹有以下几个特点：“四不”——不痒、不痛、不结痂、不结疤；“四不像”——不像蚊虫咬、不像药物疹、不像口唇牙龈疱疹、不像水痘。

手足口病重症表现：持续高热不退、精神差、呕吐、易惊、肢体抖动、无力、呼吸急促、心率上升、出冷汗、末梢循环不良、血压升高、外周血白细胞增高、血糖升高。

二、应对方法

疾病流行期间尽量不要带孩子到人员密集的场所。如果感染手足口病，应前往医院就诊，如果症状较轻且经医生允许，可在家隔离治疗；如果症状较重，应积极配合医生，接受专业治疗。

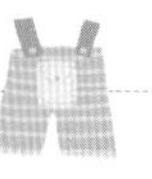

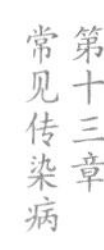

第十四章 意外伤害

保护孩子免受意外伤害，让孩子健康成长。

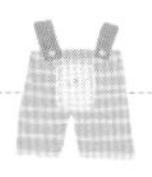

鼻腔异物

一、预　防

尽量不要给3岁以下孩子吃葡萄干、玉米、小颗粒糖果等，尽量把螺丝钉、纽扣、电池等小零件放在孩子触碰不到的地方，教导孩子不要把异物塞进鼻孔。

二、应对方法

如果鼻腔内已被塞入异物，让孩子暂时不要用鼻子吸气，改用口呼吸，以防异物向鼻腔深处甚至气管移动。对于大孩子，可以堵住无异物的一侧鼻孔，然后让孩子擤鼻涕，把异物吹出。如果孩子自己还不能完成擤鼻涕的动作但能配合张口的动作，且异物为纸卷、花生、豆类等较圆润物体，可尝试吹气法。如果吹气法不能将异物吹出，或者异物为不规则形状物体或尖锐物体、异物存在时间长、鼻腔流脓或臭鼻涕、孩子呼吸困难时应立即就医。

课堂笔记

吹气法——让孩子端坐或站立并张开嘴，同时家长也张嘴紧贴孩子的嘴，趁孩子呼气时，堵住无异物的鼻孔，然后朝孩子的嘴里猛吹一口气。

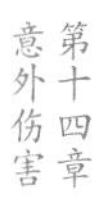

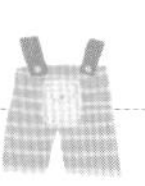

眼内异物

一、预　防

不要让孩子用手抠眼屎或者揉眼睛，以免带入异物。尽量避免带孩子去异物飞溅的场所，比如工厂、正在装修的房间或者拆迁的地方。

二、应对方法

如果异物不慎入眼，家长首先要观察孩子眼睛是否存在异常状况，比如红肿或类似痘痘的存在。如果能看到异物，可以洗净双手，将孩子的眼皮轻轻翻起来，用干净的湿棉签将异物取出；也可以让孩子多眨眼，刺激流眼泪，小的异物就可能随着眼泪流出来；还可以用干净的流水冲洗眼睛，同时不停地眨眼睛。如果看不到异物或异物难以清理，请及时就医。

耳内异物

一、预　防

教导孩子不要将异物塞进耳朵。不要让孩子和宠物同睡，以防宠物身上的小虫进入耳道。如果要前往丛林、野外或是植物茂密的公园，要给孩子做好防护，防止小虫进入耳道。

二、应对方法

1. 昆虫类异物

因为昆虫多具有趋光的属性，家长可在暗处用手电筒照射孩子进了昆虫的耳朵，吸引昆虫出来；还可用滴耳液滴入耳道，使昆虫窒息，过几分钟倒出，并用棉签擦干耳内的药水。

2. 普通异物

如果耳内异物离出口非常近，而且孩子也能够配合，家长可以尝试用镊子夹取；如果不行，可以将孩子的头歪向一侧，将有异物的耳朵朝下，帮助孩子轻轻抖一抖。如果自行处理失败或者孩子出现耳朵瘙痒、疼痛的情况，请立即就医。

鱼刺卡喉

一、预　防

给孩子吃鱼一定要剔除鱼刺或者选择鱼刺较少的鱼，如鳕鱼、三文鱼等。

二、应对方法

一旦发生鱼刺卡喉，如果鱼刺不是很大，可以让孩子试着用力咳嗽，让细小的鱼刺随着气流脱落。如果鱼刺大且硬，孩子觉得疼痛难忍则应当立即就医。

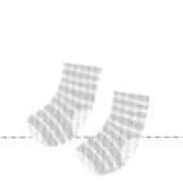

噎住

一、预 防

孩子在吃东西时，不要逗笑或者和孩子说话、玩闹；不要给3岁以下的孩子买可拆卸的玩具；4岁以下的孩子应避免下列食物：果冻、整颗的坚果、整颗葡萄、糖果、爆米花、口香糖等。

二、应对方法

如果孩子被噎到，在准备施救的同时应拨打120。在等待救援到来的时候，家长可以尝试使用海姆立克急救法。

课堂笔记

海姆立克急救法

针对1岁以上的孩子：施救者跪在孩子身后，从背后抱住孩子腹部，双臂围环孩子腰腹部，一手握拳，拳心向内按压于孩子的腹部；另一手捂按在拳头之上，双手急速用力向里向上挤压。反复进行，直至孩子将阻塞物吐出或者救援到达。

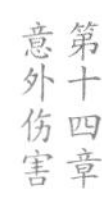

针对 1 岁以下的孩子：施救者坐在椅子上，让孩子面朝地面趴在施救者腿上。施救者一只手支撑孩子头颈部、胸部，另一只手拍或按压孩子背部，拍背 5 次后，如果异物没被排出，则继续下面的动作——让孩子仰卧，用一只手稳住孩子的头颈部，另一只手的两个手指快速挤压孩子胸部 5 次，挤压深度应为胸壁的 1/3 ~ 1/2，若异物未排出，请持续重复直至救援到达。

此方法不适用于呛到后仍在大声咳嗽或哭闹的孩子。

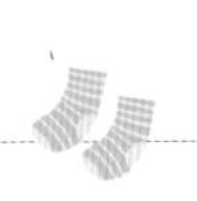

第十五章

其他常见问题

耳屎

耳屎也叫耵聍，能够吸附进入耳朵的脏东西、灰尘及其他小颗粒，防止这些东西进入耳朵内部。一般来说，耵聍会堆积起来、变干，并移动到外耳，到外耳后，耵聍可以被清洗掉。在堆积和移动的过程中，耵聍吸附异物，并将异物一路带出耳朵。

正常情况下，2岁以内的宝宝不需要处理耳屎。耳屎过多会自动被身体排出，从外耳道掉出来。儿科医生不建议经常给宝宝清理鼻痂和耳屎，鼻痂会随着打喷嚏自行排出，耳屎也可自行排出，频繁清理反而会刺激外耳道分泌更多的耳屎。

如果耳屎堆积的速度超过排出的速度就需要处理。处理方法为：①用棉签蘸水后于外耳道轻拭，待耳屎湿润后取出即可；②让宝宝侧躺，在耳朵内滴1～2滴耳药水，药水滴入后，让宝宝保持侧躺的姿势2分钟，待耳屎被充分软化后取出；③若宝宝耳屎分泌旺盛且凝结成硬块造成外耳道阻塞，建议带宝宝去医院寻求医生的帮助，切勿在家自行处理。

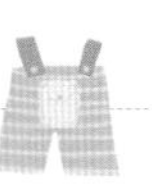

倒睫

倒睫即睫毛内生，可以刺激泪液分泌。首先，如果孩子总是眼泪汪汪的，家长们不妨仔细观察孩子的睫毛方向，排除睫毛内生。当然，婴儿的睫毛非常软，即使接触到角膜，引起流泪的情况亦不多见，此时家长只需要时不时将孩子的眼睑轻轻向外翻即可，随着生长发育，倒睫可能自愈。幼儿时期，如果倒睫的情况仍然严重，则需要考虑手术矫正了，此时需带孩子去眼科门诊就诊。

鼻泪管阻塞

鼻泪管阻塞是一种非常常见的婴幼儿疾病。鼻泪管阻塞可以引起单侧眼睛或双眼产生过量的泪液，这些泪液顺着宝宝脸颊流下而没有通过鼻泪管流入鼻腔和咽喉。对于新生儿，鼻泪管阻塞是由于上方的入口被黏膜覆盖所致，而这些黏膜本应该在出生时消失。

如果宝宝分泌的眼泪粘住了睫毛，可以用干净的棉签蘸取蒸馏水（普通药店有售），轻轻地帮宝宝清洁睫毛部分。

清洁过程中需要注意：

- 清洁的顺序应该是从鼻侧到靠近耳朵的那一侧。
- 每支棉签只能用1次。
- 棉签要沿着已经清洁的地方逐渐从内向外擦拭，不可以来回擦拭。
- 用过的棉签要扔掉，不要让宝宝拿到。

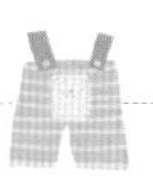

专家点拨——鼻泪管阻塞需要治疗吗？

一般来说，鼻泪管会在宝宝出生2周后，泪液开始分泌时打开。如果鼻泪管没有及时打开也没有什么危害。一般情况下，到宝宝9个月时，鼻泪管不需要治疗就能自己打开。

妈妈可以通过轻柔地按摩宝宝内眼角以下鼻梁骨两侧的部位来加快鼻泪管的打开，但按摩需要在医生指导下进行。鼻泪管最终开放之前，宝宝眼睛出现的黄绿色或白色分泌物可能都不会消失。由于这并不是真正的感染或红眼病，所以不应使用抗生素。

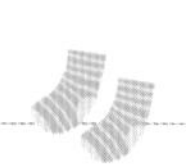

生长痛

几乎每一位儿保科医生都会接诊因为“下肢疼痛”就诊的孩子。多数孩子下肢疼痛的共同点包括：疼痛部位不固定，也不明确（可能本来就不明确或者跟小朋友认知有关），可能是小腿、膝关节、腘窝（膝关节后侧）、髋关节、大腿等，疼痛常常发生在晚上或夜间睡眠时，白天常常没有症状。轻微的疼痛通过局部按摩或热敷可以缓解，严重的则可能引起孩子哭闹，甚至看急诊。

出现疼痛的时候医生通常会怎么处理呢？一般来说，医生可能会根据孩子的表现安排相关检查，或者不做任何检查。生长痛是儿科临床比较常见的病症，即使诊断为生长痛也需要定期随访，以排除器质性疾病。

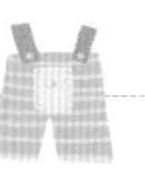

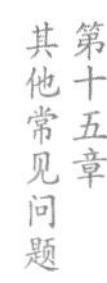

腹股沟疝

腹股沟疝和鞘膜积液可统称为鞘状突未闭，男宝和女宝都可能发生。鞘状突是和腹腔相连的管道，宝宝出生之后应该是闭合的。如果没闭合，就叫鞘状突未闭。如果管道比较大，腹腔中实质性的器官，比如肠子等降下来，就会形成腹股沟疝。这类宝宝平躺的时候移位的器官会归位，而剧烈哭闹或咳嗽则可诱发腹股沟疝。

一、表　现

如果发现宝宝腹股沟处或者男宝宝阴囊处鼓起包块，尤其是在哭闹、解大便、走路、跑步等用力的时候包块更为明显，安静的时候包块又消失的情况可能是腹股沟疝。

二、应对方法

如果发现宝宝持续哭闹且腹股沟或阴囊处鼓起包块，建议马上就医。

据统计，疝气卡住导致肠子和睾丸坏死等严重并发症常见于3个月以内的宝宝，尤其以新生儿易发。

国内一般建议腹股沟疝患儿于1岁左右手术，但如果是疝气卡住暂时无法复位或者复位不成功，为避免肠坏死或睾丸、卵巢坏死应该尽早手术。